U0163431

家常菜这么做好吃又简单

萨巴蒂娜◎主编

中国轻工业出版社

初步了解全书

这本书因何而生

- 一日三餐，是每个人、每一天生活中十分重要的三个节点，却也让很多人感到头疼——吃什么？怎么做？麻烦吗？健康吗？这些烦恼足以将很多人挡在厨房外，转而去了小饭馆、路边摊。
- 这本书，就是要帮助大家解决一日三餐吃什么、怎么做的问题，并且用最简单的方式搞定，吃得好、容易做、还健康。我们将全书结构分成早餐、午餐、晚餐三个章节，每个章节都各具特点。

这本书都有什么

- 早餐作为最重要的一餐，也是时间最匆忙的一餐，我们选择的都是简单实用且营养均衡全面的菜品；很多人都会在公司解决午餐，所以除了寻常家常菜之外，我们还安排了很多便当类菜品；为了照顾忙碌一天的人们，我们选取的晚餐都是用最短的时间、最快的步骤就能做出的健康低卡的菜品，既不增加烹饪的负担，也不用担心发胖。
- 除此之外，我们还以流程导图的形式呈现烹饪步骤，让每一步的衔接清晰明了。
- 核心步骤冠以醒目的标题，让你一眼统揽全局，不用看小字，也知道下一步该做啥。
- 可以省时省事的小窍门，则用“☑”符号在相应的步骤中标示出来，提醒你哪些环节可偷懒。

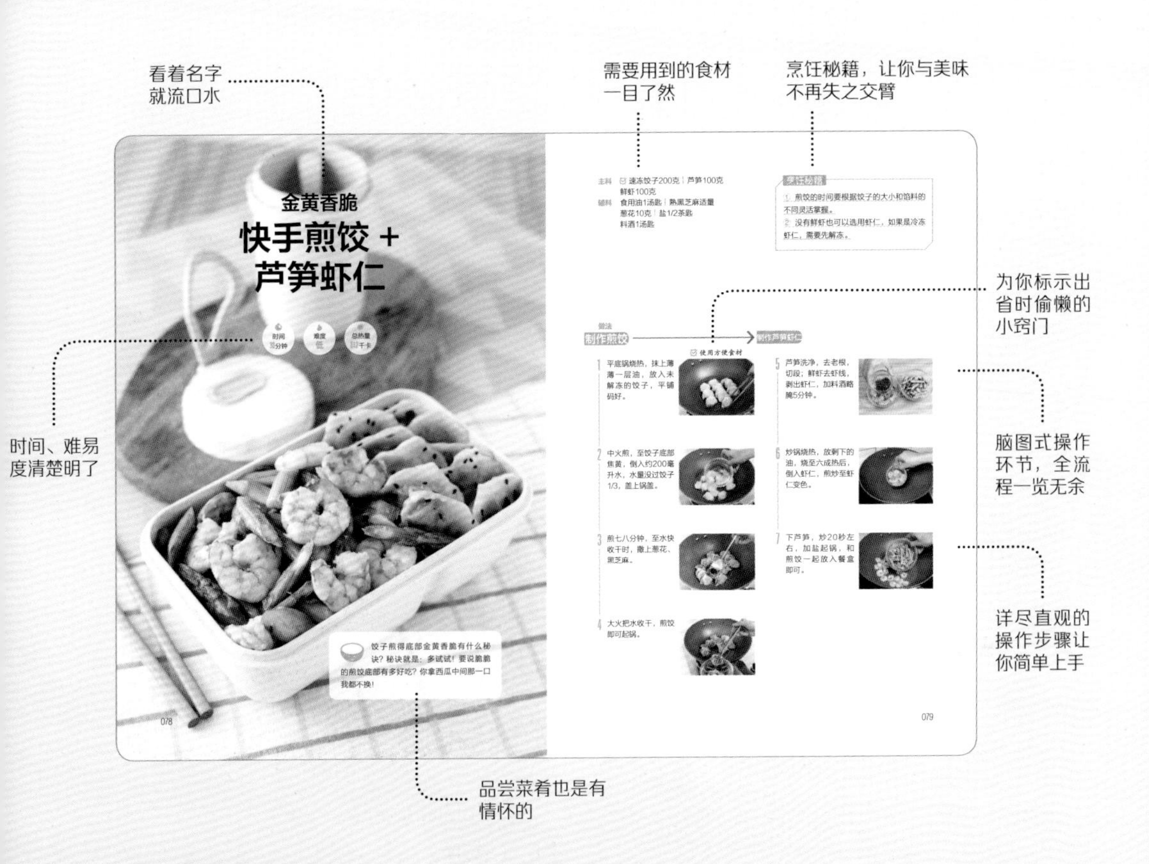

为了确保菜谱的可操作性，
本书的每一道菜都经过我们试做、试吃，并且是现场烹饪后直接拍摄的。
本书每道食谱都有步骤图、烹饪秘籍、烹饪难度和烹饪时间的指引，确保你照着图书一步步操作便可以做出好吃的菜肴。但是具体用量和火候的把握则需要你经验的累积。

书中部分菜品图片含有装饰物，不作为必要食材元素出现在菜谱文字中，读者可根据自己的喜好增减。

卷首语

适合的，就是极好的

刚看完一部日剧，叫《东京大饭店》。里面木村拓哉对美食的极致追求，真是令我尊重和赞叹。我曾经也去过米其林餐厅吃过饭，环境优美，服务周到，若问味道好不好，那自然是很好的。

可是你问我平时最爱吃什么料理？其实任何风味菜系我都不挑，真正最爱吃的，还是我自己亲手做的料理。

我是一个很怕麻烦的人，为了少做家务，买了不少厨房电器，尤其是洗碗机。但是就算再懒，每天做饭我都不厌其烦，因为比偷懒更不能抗拒的是嘴馋。

这是一种从肉体到灵魂的要求，只有我知道自己需要什么。只有我知道煎蛋要做到几分熟，才觉得适口。白粥，我喜欢吃滚了之后关火闷 5 分钟的，多 1 分钟米都不弹。辣椒要香而不辣的，所以我最爱秦椒。酱油要鲜而不咸的，因此我只用某个牌子的生抽。小区的超市有一段时间卖超级肥美的扁豆，所以那一段时间，我每天都炒一顿扁豆给自己吃。打个电话，扁豆就给送上门来了，还能跟超市老板聊两句天。他能叫出我外甥和我家猫的名字，所以这个肉嘟嘟笑嘻嘻好脾气的超市老板，也成了家常烟火气的一部分。

家常菜并不只是简单就好了，家常菜就是生活。我可以嫌弃做菜给我带来的油烟和地板的湿滑，但就像生活一样，虽然常会有小小的不如意，但是我依然热爱。

萨巴厨房出版的第一本书就是家常菜。七年过去了，我们精选了这本烹饪起来十分方便，适合新手也适合爱省事的老手的一本极简家常料理。因为家常菜，是永远吃不腻的。

还是那句话，希望您喜欢。

高欣茹

萨巴小传：本名高欣茹。萨巴蒂娜是当时出道写美食书时用的笔名。曾主编过八十多本畅销美食图书，出版过小说《厨子的故事》，美食散文集《美味关系》。现任“萨巴厨房”主编。

敬请关注萨巴新浪微博 www.weibo.com/sabadina

目录

1 Chapter 早餐

巨无霸三明治+香蕉牛奶 012

沼三明治+谷物酸奶 014

鸡蛋三明治+豆腐沙拉 015

烤燕麦+红薯拿铁 016

菠萝吐司+牛油果香蕉奶昔 017

吐司太阳蛋+培根煎芦笋 018

火腿西多士......020
全麦金枪鱼三明治......022
肥牛滑蛋三明治......023
菠菜鸡蛋三明治......024
培根牛油果三明治......025
肉松热狗......026

可颂夹心热狗 027

虾柳热狗 028

奶酪热狗 030

牛肉汉堡 031

鸡排堡 032

卷饼比萨 034

吐司底小比萨 035

早餐鸡蛋杯 036

法风烧饼 038

粢饭团 039

奶酪土豆团子 040

奶酪鸡蛋卷 042

肉松吐司海苔卷 043

鲜虾锅贴 044

抱蛋饺子 046

蛋丝小馄饨 047

水煎包 048

孜然馒头片......048
快手肉夹馍......049
老北京糊塌子/西葫芦鸡蛋饼......050
蔬菜面疙瘩......051
三文鱼焖饭......052
意式肉酱面......053
番茄鸡蛋面......054

咖喱鱼丸乌冬面 055

水波蛋沙拉 056

青菜火腿年糕汤 057

韩式大酱汤 058

日式味噌汤 059

虾仁豆腐汤 060

菠菜菌菇粥 061

鸡丝粥 062

红薯甜粥 064

南瓜牛奶燕麦粥 064

粉蒸排骨+
凉拌甜豆
066

豉汁蒸排骨+
南瓜饭
067

香菇鸡翅+
玉米豌豆饭
068

照烧鸡腿饭+
秋葵蛋卷
070

干炒牛河+
白灼芥蓝
072

香煎龙利鱼+
蔬菜炒饭
074

蛋煎馒头丁+西蓝花胡萝卜炒蘑菇……076

生煎小葱花卷+培根金针菇卷……077

快手煎饺+芦笋虾仁……078

香菜牛肉春饼+炝炒土豆丝……080

蛋炒饭+
牛丸白菜汤
082

肉丝白菜炒饭+
拌黄瓜
084

西蓝花鸡肉饭+
时蔬骨头汤
086

咖喱鸡肉饭+
鲜菇鸡蛋汤
088

台湾卤肉饭+
卤鸡蛋
090

腊肠煲仔饭+
冬瓜汤
092

香菇鳕鱼茄汁饭+
煎芦笋
094

日式鳗鱼饭+
豆芽虾皮冬瓜汤
096

土豆菠菜
糙米饭团
098

海苔肉松
饭团
100

黄瓜鸡蛋三明治
104

西蓝花培根饭团
101

糙米山药饭团
102

肉罐头生菜饭团
103

瘦身炒饭
106

尖椒牛柳饭
107

肥牛饭
108

胡萝卜牛腩杂粮饭
110

滑蛋牛肉饭
112

三杯鸡饭
113

土豆烧鸭翅
114

山药烧老鸭
115

胡萝卜莴笋丝
炒牛柳
116

茭白炒牛肉
117

胡萝卜炖羊肉
118

红烧羊小排
119

椒盐猪排
120

海鲜藜麦饭 122

糙米鸡胸寿司 124

菜花寿司 126

咖喱南瓜西葫芦面 128

鲜炒双菇 129

芦笋三文鱼 129

番茄豆腐鱼......130
芦笋龙利鱼饼......132
香煎龙利鱼......134
虾仁春笋炒蛋......135
鲜虾香菇盅......136
三色虾仁......138
蒜蓉胡椒虾......140
虾仁蛋饼......142
辣炒章鱼......144
韩式炒鱿鱼......146
牡蛎韭菜煎蛋......148
酒香蛤蜊......149

油泼扇贝 150

清蒸黄瓜塞肉 152

扁豆丝炒肉 153

胡萝卜青瓜炒肉片 154

莴笋炒腊肠 155

微波盐酥鸡 156

番茄焖鸡胸丸 157

番茄罗勒炖鸡胸 158

杏鲍菇煎炒鸡胸肉 160

笋干蒸鸡胸 161

杭椒肉末炒鸡蛋
162

辣白菜豆腐锅
164

砂锅炖豆腐
166

鱼香豆腐丝
168

风林茄子
170

豆豉青椒
171

老干妈炒藕丁
172

木耳黄花菜
173

芝麻脆拌荷兰豆
174

糖醋樱桃小萝卜
175

凉拌菜花
176

蒜泥豇豆
178

牛油果沙拉
178

萝卜沙拉
179

黑椒土豆泥
179

土豆浓汤
180

豆腐鱼头香菜汤
182

计量单位对照表

1 茶匙固体材料 =5 克
1 汤匙固体材料 =15 克
1 茶匙液体材料 =5 毫升
1 汤匙液体材料 =15 毫升

番茄鱼丸汤......184
黄瓜煎蛋汤......186
娃娃菜三丝豆腐汤......187
生菜牛丸汤......188
豌豆苗猪骨汤......189

1 Chapter 早餐

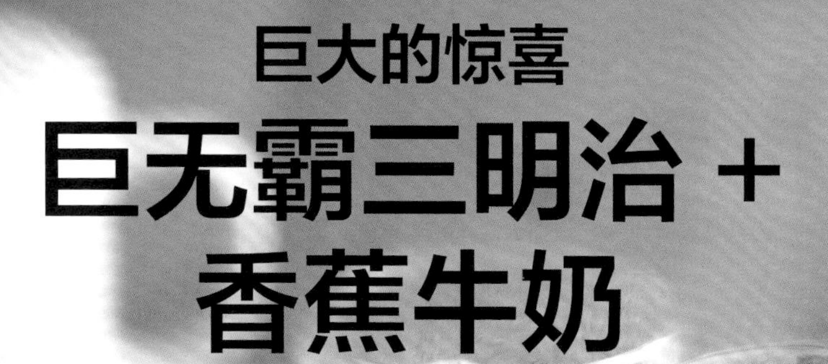

巨大的惊喜

巨无霸三明治 + 香蕉牛奶

时间
20分钟

难度
低

总热量
557千卡

如果说三明治热量高，那主要是高在酱料和外面的面包上。如果是很少的面包卷上很多的蔬菜再用一点点酱料，那就更健康啦！

主料 厚片吐司2片 | 生菜2片 | 黄瓜1段
番茄2片 | 白煮蛋1个 | 火腿2片
紫甘蓝1片

辅料 香蕉1根 | 牛奶250毫升 | 养乐多1瓶
黑胡椒粉适量 | 盐适量

烹饪秘籍

做这款三明治用了最简单的调料，只有黑胡椒和盐，这样做热量是最低的，如果不习惯，也可以放沙拉酱汁，盖生菜之前淋上去。蔬菜尽量往中间放，摆成均匀的一束，最后包三明治的时候就可以卷成桶状。

做法

准备

1 黄瓜切成细条；紫甘蓝切成宽条；火腿片切成吐司片一半的宽度；白煮蛋去壳，对半切开。

2 保鲜膜撕得长一点，长度至少是吐司片宽度的3倍，平铺在操作台上，在1/3处放一片吐司。

制作三明治

3 一半的生菜叶铺在吐司片上，上面放上火腿片和番茄片。

4 白煮蛋放在吐司片正中间，旁边堆上黄瓜条和紫甘蓝。把所有食材尽量往中间堆。

5 在蔬菜上撒上适量黑胡椒粉和盐，再盖上另一半的生菜叶。

6 放上另一片吐司，用手压住，用保鲜膜将吐司卷紧，裹上，成为一个圆柱体，两端拧上。

7 用锋利的刀将三明治切开成两块，食用时去掉保鲜膜。

制作香蕉牛奶

8 香蕉去皮，撕掉表面的筋，以免苦涩，然后切块。香蕉、牛奶、养乐多放入搅拌器，高速搅拌成液体即可。

妈妈私房菜

沼三明治＋谷物酸奶

主料 吐司2片｜火腿1片｜圆白菜3片
奶酪片1片｜原味酸奶1杯

辅料 沙拉酱1汤匙｜黑胡椒粉适量
葡萄干1茶匙｜腰果1茶匙
甜麦圈3汤匙

做法

准备

1. 吐司放入预热后的烤箱，150℃烘烤10分钟后取出。

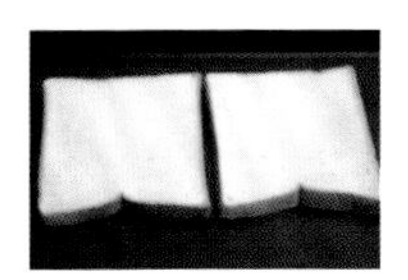

2. 圆白菜洗净，切成细丝，加入沙拉酱搅拌均匀。

制作三明治

3. 取一片吐司，金黄的一面向下，白色一面向上。放上一片奶酪和一片火腿。

4. 铺上拌好的圆白菜丝，尽量铺平，铺匀。撒上适量黑胡椒粉。

5. 盖上另一片吐司，金黄面朝外。用保鲜膜把三明治整个包起来。

6. 用锋利的刀将三明治拦腰切断。吃的时候再去掉保鲜膜，以免三明治散开。

制作谷物酸奶

7. 甜麦圈和干果混合在一起，浇上酸奶，吃的时候拌匀即可。

烹饪秘籍

面包片用预热到120~150℃的烤箱回烤3~5分钟，会最大程度上恢复现烤的口感，温度越高表面越酥脆。但是烤的时间不能过长，否则面包片会失去水分变硬。烤过的吐司要凉凉再做三明治，温热状态容易让菜丝出水，而且包裹保鲜膜的时候会产生水汽，让三明治变得潮湿，影响口感。

主料　吐司2片 | 白煮蛋1个 | 北豆腐1/2块
黄瓜1/2根 | 番茄1个

辅料　沙拉酱2茶匙 | 橄榄油1汤匙
黑胡椒粉适量 | 盐适量

做法

制作豆腐沙拉

1 北豆腐切成小方块，放在淡盐水里浸泡。盐水浸泡可以给豆腐加个底味，并且让豆腐中的水渗出。

2 番茄洗净、去蒂，切成小方块；黄瓜对半剖开，切成半圆形小块。

3 番茄和黄瓜放在大碗里，放入橄榄油、黑胡椒粉和盐，搅拌均匀，提前腌制10分钟入味。

4 豆腐沥干，放入腌好的番茄黄瓜中，搅拌均匀即成豆腐沙拉。

制作三明治

5 白煮蛋去壳，切碎，加入沙拉酱和少量盐、黑胡椒粉，搅拌均匀。

6 吐司切去四边。将鸡蛋沙拉涂在一片吐司上。

7 盖上另一片吐司，略压实。用快刀将三明治切成两块即可。

烹饪秘籍

做饭的时候合理统筹，可以很大程度缩短做早餐的时间。先把需要腌制的食材做好，利用腌制的时间去准备其他食物，做好之后腌制的时间也差不多到了，再进行后续步骤即可。

瘦身减肥餐

烤燕麦 + 红薯拿铁

时间 25分钟 | 难度 中 | 总热量 720千卡

主料　快熟燕麦50克 | 葡萄干1汤匙
牛奶320毫升 | 熟腰果2汤匙
鸡蛋1个 | 蓝莓50克
红薯150克

辅料　白砂糖2茶匙 | 油适量

做法

准备

1 鸡蛋打散，加入120毫升牛奶中，加白砂糖，搅拌均匀。

2 耐热烤碗内侧抹一层黄油或食用油防粘。烤箱预热180℃。

3 蛋奶液中放入燕麦，加入葡萄干和腰果，搅匀，倒入到烤碗中。

烤制燕麦

4 烤碗放入烤箱，烘烤15分钟后取出，加入蓝莓，搅拌均匀。

5 烤箱降低到150℃，将烤碗重新放回烤箱，继续烘烤约10分钟即可出炉。

制作红薯拿铁

6 红薯去皮，切成小块，上锅蒸熟。

使用方便小厨电

7 红薯块和200毫升牛奶一起放入料理机，加入适量白砂糖，开高速搅打均匀，倒入杯中即可。

烹饪秘籍

烤燕麦时，液体状态下腰果和葡萄干会沉底，麦片上浮，所以提前预烤一下，让整体凝固一些，再搅拌即可使腰果分布均匀。温度过高或烘烤时间过长，蓝莓容易爆浆，所以蓝莓加入后将烘烤温度降低，蛋奶部分能烤透就好。

主料 厚吐司1片 | 黄油15克 | 细砂糖1汤匙
面粉2汤匙

辅料 牛油果1个 | 香蕉1根 | 牛奶200毫升

自制菠萝包

菠萝吐司+牛油果香蕉奶昔

时间 25分钟 | 难度 中 | 总热量 584千卡

做法

制作吐司抹料

1 黄油和细砂糖放入碗中，隔水加热，使黄油融化成液体。

2 黄油砂糖溶液中加入面粉，搅拌均匀成膏状，成为砂糖黄油霜。烤箱预热160℃。

烤制

3 将砂糖黄油霜均匀涂抹在吐司表面，用刀斜着在糖霜表面划上大方格。

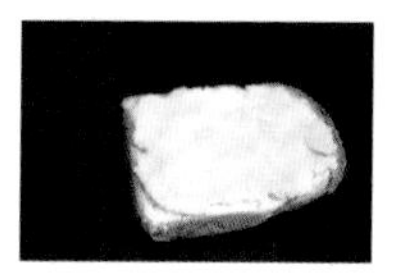

4 将吐司放入烤箱，烘烤约15分钟，烤到糖霜表面成浅金黄色即可。

制作饮品

5 牛油果去皮，去核，切块。香蕉去皮，切块。

6 将牛油果、香蕉和牛奶放入搅拌器，搅打成糊状即可。

烹饪秘籍

菠萝吐司上的菠萝皮比较甜，搭配的饮料味道要淡一些的，所以牛油果奶昔最好不要加糖。挑选牛油果的时候，如果买回就吃，就选颜色深的，用手轻按，感觉比较软。如果不马上吃，就选绿的，保存时间长些。

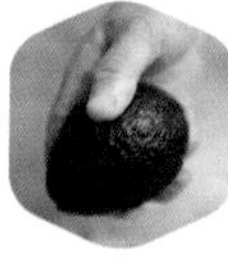

夏日的田野

吐司太阳蛋 + 培根煎芦笋

时间 15分钟

难度 中

总热量 449千卡

鸡蛋营养丰富，所以在早上我们要想各种方法吃掉它。时间充足，技术娴熟的人可以考虑稍稍复杂一些的做法，成品好看口感也好。芦笋营养好，但是味道清淡，裹在培根里就有肉味啦。

主料 吐司1片 | 鸡蛋1个 | 奶酪片1片
芦笋6根 | 培根3片

辅料 黑胡椒粉适量 | 盐适量 | 油适量

烹饪秘籍

只要锅够大，动作麻利，很多东西都可以同时煎，充分利用能源，还能节省时间。芦笋可以吃生的，所以只要把培根煎好，芦笋不凉就可以啦。

做法

准备 → 煎制

1 芦笋冲洗干净，切掉老根部分。多切掉一些，下刀的时候感觉阻力小了，就是老根已经去掉了。

2 将两根芦笋并在一起，用培根倾斜着将两根芦笋从头到尾缠起来。

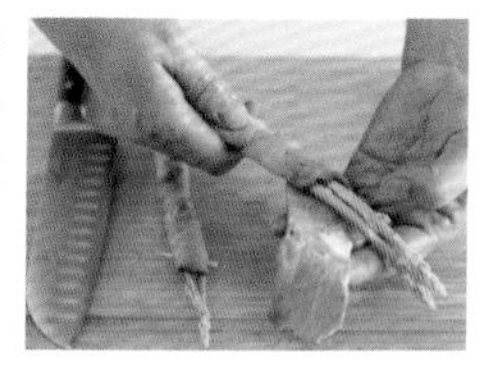

3 吐司平放在砧板上，用小刀在距离边缘约1.5厘米的地方划开一圈，掏出一个长方形的心，留下框。

同时操作省时间

4 中火加热平底锅，锅热后放入少许油，抹匀。放入吐司框。在吐司旁边放上芦笋卷，同时煎。

5 在吐司框中打入一个鸡蛋，撒少许盐和黑胡椒粉。

6 在鸡蛋上盖一片奶酪。翻动一下芦笋卷，使两面受热均匀。

7 把掏出来的吐司塞回去，用手轻轻压一下，尽量让吐司平一些。培根变焦即可盛出芦笋卷装盘。

8 用铲子轻轻推动吐司片，使它与锅分离，翻面，煎到两面焦黄即可出锅。

简单的港式美味

火腿西多士

时间 15分钟

总热量 623千卡

听这名字多洋气！这是小时候看的港产电视剧里茶餐厅的当家菜。其实自己做很简单，心情好的时候，自己动动手，满足的不只是胃，还有那颗怀旧的心。

主料 吐司面包4片 | 鸡蛋2个
奶酪片2片 | 火腿片2片
辅料 牛奶2汤匙 | 油2汤匙

烹饪秘籍

刚下锅的吐司夹容易散开，因此要等一面金黄上色，同时内部的奶酪受热融化起到黏合作用后再翻面。借助铁勺翻面，会使操作更容易。

做法

准备

1 吐司面包切去4边黄色的部分。为了成品美观，切掉的部分尽量保持等宽。

2 取一片去掉边的吐司面包，放一片火腿片，再放上一片奶酪。

3 盖上另一片吐司面包。用同样的方法将另一份吐司夹组装好。

4 将鸡蛋磕入一个深盘中，加入牛奶，充分打散。

煎制

5 平底锅中放入2汤匙油，开小火加热。

6 将组装好的吐司夹平放入蛋液中轻轻蘸一下，一面蘸好后翻面同样蘸匀。

7 蘸好蛋液的吐司放入锅中，煎至一面金黄。

装盘

8 借助勺子和筷子将吐司夹翻面，煎至两面金黄后出锅，沿对角线切开即可。

减脂塑形首选
全麦金枪鱼三明治

时间 20分钟 | 难度 中 | 总热量 292千卡

经常在早餐桌上看到它的身影，绝对是三明治中的经典！做法简单快捷，口感细腻柔和。

主料 全麦吐司2片 | 球形生菜2张 | 金枪鱼罐头60克 | 番茄20克

辅料 沙拉酱1汤匙

做法

准备

1 生菜洗净。

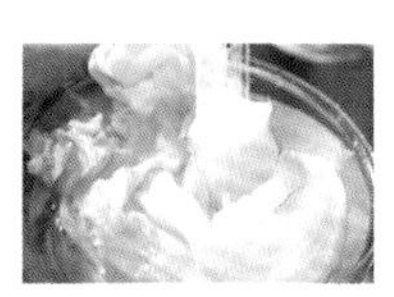

2 番茄洗净，去蒂切片。

使用方便食材

3 金枪鱼罐头加入沙拉酱，搅拌均匀。

组合

4 吐司上依次放上金枪鱼沙拉、生菜和番茄。

5 盖上另一片吐司。

6 对半切开即可。

烹饪秘籍

① 金枪鱼罐头不仅使用方便，而且多数都已调味，省时省力。

② 金枪鱼罐头可以选择水浸的和油浸的两种，在放沙拉酱之前，把罐头中的水分或油分倒干即可。

真的很滑嫩

肥牛滑蛋三明治

时间 15分钟 | 难度 中 | 总热量 489千卡

黑胡椒翻炒的肥牛片十分入味，黄油翻炒的鸡蛋嫩滑爽口，再搭配清爽的蔬菜，一个用料十足、有肉、有蛋、有菜的三明治就完成啦。

主料 吐司片3片（约150克）
肥牛片100克 | 鸡蛋2个（约120克）
黄瓜50克 | 生菜15克 | 番茄30克

辅料 黑胡椒粉1/2茶匙 | 盐1/2茶匙
沙拉酱1茶匙 | 黄油5克
色拉油2茶匙

做法

烤吐司片

1 将吐司片放入烤盘中，烤箱200℃预热5分钟，烤盘放入中层，烤5分钟至吐司上色。

制作肥牛滑蛋

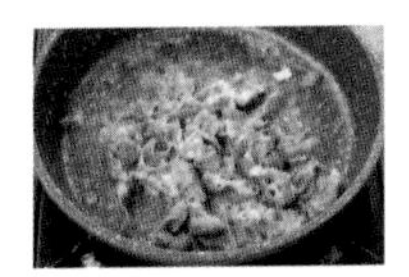

2 平底锅倒入色拉油，烧至六成热，将肥牛炒至变色，撒入盐和黑胡椒粉调味。

3 鸡蛋打散成蛋液；平底锅洗净控干，放入黄油加热至融化，加入蛋液炒熟，不要随意拨动鸡蛋，尽量保证它的完整。

叠放组合

4 生菜洗净，控干水分；黄瓜洗净切片；番茄洗净切片。

5 取一片吐司铺底，抹上沙拉酱，放上生菜。

6 再依次放上番茄片、黄瓜片。

7 盖一片吐司，铺上炒好的鸡蛋和肥牛片，最后再盖一片吐司就可以了。

烹饪秘籍

用黄油炒出来的鸡蛋口感更滑嫩，也可以换成色拉油炒鸡蛋。

中西完美搭配

菠菜鸡蛋三明治

时间 15分钟

难度 中

总热量 383千卡

主料 切片吐司2片 | 鸡蛋2个 | 菠菜2小把

辅料 黄油10克 | 盐1/4克 | 食用油适量

做法

准备

1 菠菜洗净、去根。

2 鸡蛋打入碗中，搅拌均匀。

制作蛋饼

3 平底锅放油，倒入蛋液，摊成蛋饼，盛出。

炒菠菜

4 煎鸡蛋的锅，接着放入菠菜，加入盐，炒熟。

组合

使用方便小厨电

5 吐司放入多士炉，烤脆。

6 在吐司的一面抹上黄油。

7 取一片吐司，放上蛋饼和菠菜，盖上另一片。

8 对半切开即可。

烹饪秘籍

① 鸡蛋液下锅的时候，可以用铲子慢慢在四周推成正方形，尺寸与吐司一致即可。

② 有了多士炉，就不用自己亲自守在厨房用平底锅小火慢慢煎吐司了。

快手又吸睛

培根牛油果三明治

时间 20分钟 | 难度 低 | 总热量 485千卡

主料 切片吐司2片 | 球形生菜2张 | 番茄20克 培根2片 | 牛油果半个

辅料 黄油10克

做法

准备

使用方便小厨电

1 吐司放入多士炉，烤脆。

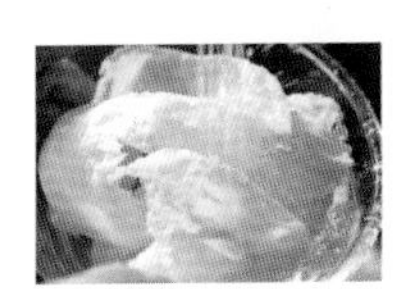

2 生菜洗净。

3 番茄洗净，去蒂切片。

4 培根下锅，煎至金黄熟脆。

5 牛油果切片。

组合

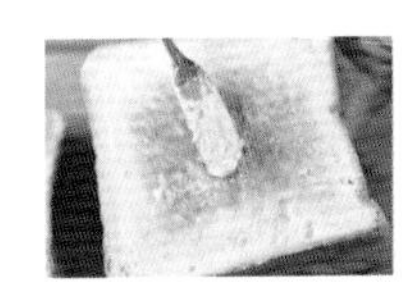

6 烤好的吐司在一面抹上黄油。

7 取一片吐司，依次放入生菜、培根、牛油果和番茄。

8 盖上另一片吐司，对半切开即可。

烹饪秘籍

① 如果喜欢味道浓郁些的，可以在牛油果上挤上一层沙拉酱。

② 利用多士炉烹饪时间，可以同时切备其他食材，节省时间。

肉松是面包的好伙伴

肉松热狗

时间 10分钟 | 难度 低 | 总热量 697千卡

主料 热狗面包1个（约100克）
热狗肠1根 | 肉松20克
生菜2片 | 海苔碎3克

辅料 沙拉酱2茶匙 | 色拉油2茶匙

做法

准备

1 平底锅放色拉油烧热，放入热狗肠，小火煎熟。

2 将热狗面包竖着切开，不要切到底。

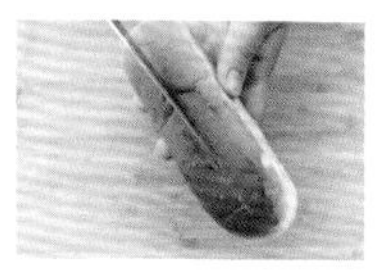

组合调味

3 在面包中间夹入生菜，塞满肉松。

4 再放入热狗肠，挤入沙拉酱。

5 最后撒上海苔碎就可以了。

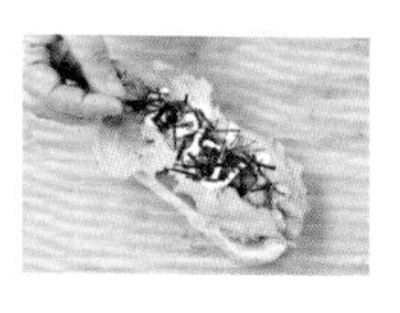

早餐想来点肉，又不想吃得太油腻，肉松是最好的选择。颠覆以往热狗的传统搭配，品尝到咸香的肉松，爽口的生菜，感觉整个人都清爽起来。

烹饪秘籍

不喜欢海苔碎的可以换成花生碎，口感也不错。

可颂面包又称羊角面包，经过复杂的烘焙过程，可颂面包变得非常酥脆，搭配简单的食材，让整个面包有了新感觉。

主料 可颂面包1个（约100克）
火腿片3片 | 鸡蛋1个（约60克）
黄瓜50克 | 奶酪片1片

辅料 蛋黄酱2茶匙 | 色拉油1茶匙

烹饪秘籍

可以将黄瓜换成胡萝卜、莴笋等爽口的蔬菜。

做法

准备

1 平底锅倒入色拉油烧热，小火将火腿煎熟。

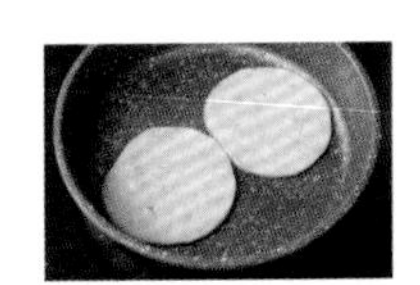

2 黄瓜洗净，切成片，越薄越好。

3 鸡蛋煮成水煮蛋，切成片。

叠放组合

4 将可颂面包横着从中间切开，但不要切断。

5 面包中间夹入奶酪片、黄瓜片、鸡蛋片。

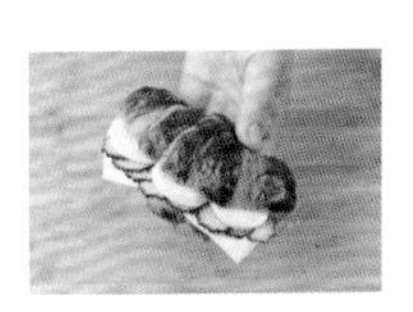

6 将火腿片对折夹入面包中，增加整个面包的饱满度，最后抹上蛋黄酱就可以了。

大快朵颐

虾柳热狗

时间
20分钟

嫌吃虾去壳太麻烦，可以将虾提前处理好，裹满鸡蛋液和面包糠，炸成酥脆的虾柳，让爱吃虾又怕麻烦的你，好好过把瘾。

主料 热狗面包1个（约200克）
鲜虾150克 | 黄瓜80克

辅料 盐2克 | 黑胡椒粉1克 | 淀粉1茶匙
鸡蛋1个 | 面包糠15克 | 沙拉酱2茶匙
色拉油60毫升

烹饪秘籍

也可以买现成的虾仁进行处理，炸成虾柳。

做法

腌制

1 将鲜虾去头、去壳，留下虾尾，用牙签去除虾线。

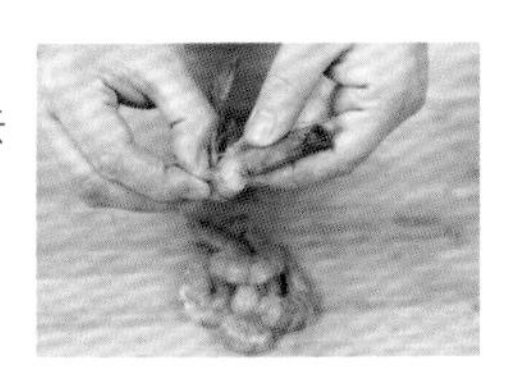

2 将虾从中间竖着切开，不要切到底，尾部要连着。

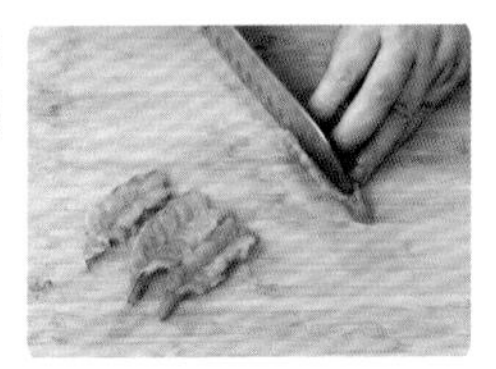

3 将虾加入盐和黑胡椒粉腌制10分钟。

备料

4 黄瓜洗净，切成薄片，越薄越好。

5 鸡蛋打散成蛋液；虾柳裹上淀粉，再裹上鸡蛋液，最后裹上面包糠。

炸制

6 锅中放油，烧至六成热，放入虾柳炸至金黄色。

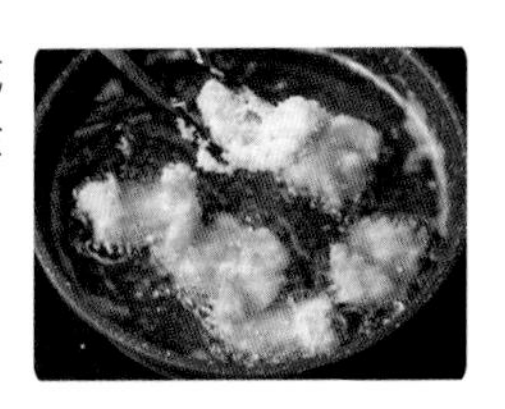

组合

7 面包横着从中间切开，放入黄瓜片。

8 放入炸好的虾柳，挤入沙拉酱就好了。

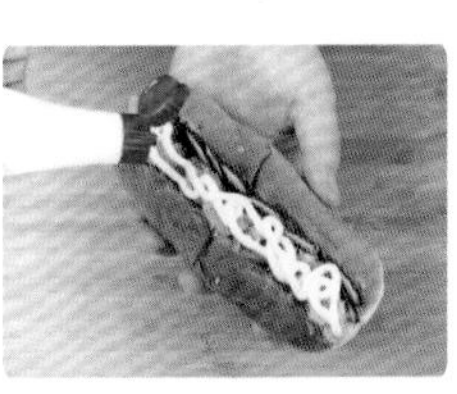

网红美食在家做

奶酪热狗

时间 30分钟 | 难度 低 | 总热量 729千卡

长长的拉丝绝对是喜欢奶酪的朋友的最爱。这道网红奶酪热狗棒吃起来过瘾，吃完之后更会让你久久难以忘怀哟。

主料 全麦面包2片 | 鸡蛋1个（约40克） 烤肠40克 | 面包糠50克

辅料 沙拉酱20克 | 奶酪30克 | 油50毫升

做法

初步制作

1. 将烤肠的尾部切十字花后，慢慢穿到竹签上。

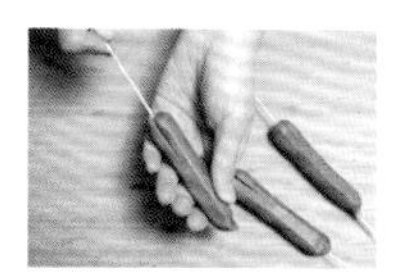

2. 将奶酪取出，慢慢捏软，紧紧缠绕在烤肠上面。

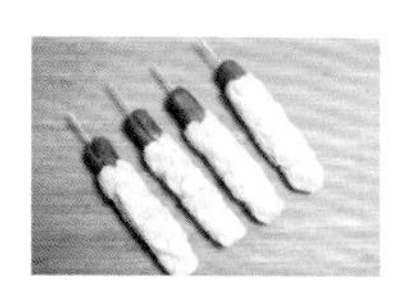

3. 取面包片，切除四边后紧紧包裹在烤肠和奶酪的外面。

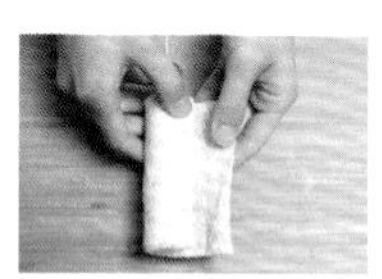

拍粉

4. 将鸡蛋打散，倒入浅盘中。

5. 将包裹了面包片的奶酪热狗均匀裹一层蛋液，再放到面包糠里滚一下。

炸制定形

6. 取锅倒油，温热后，将热狗下锅炸至金黄色，出锅。

7. 最后，取沙拉酱轻轻倒在热狗表面就可以啦。

烹饪秘籍

如果奶酪和面包片不够紧贴，可以用保鲜膜裹紧一会儿，这样就不会散开了。

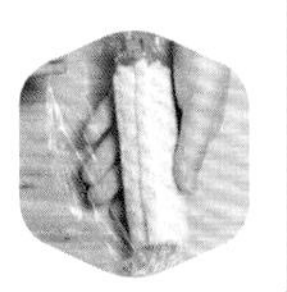

大口吃肉

牛肉汉堡

时间 25分钟 | 难度 中 | 总热量 496千卡

买来现成的汉堡坯和肉饼，DIY一个汉堡一点也不费事。

主料 汉堡坯1个 | 速冻牛肉饼1个
生菜2片 | 洋葱50克 | 番茄50克
酸黄瓜1根 | 奶酪片1片

辅料 黄油10克 | 沙拉酱1茶匙 | 食用油适量

做法

准备

1 洋葱洗净，去皮、切圈；番茄洗净、去蒂、切片；酸黄瓜切片；生菜洗净、切片。

使用方便食材

2 平底锅放油加热，放入速冻牛肉饼，小火煎熟。

汉堡坯预制

使用方便食材

3 将汉堡坯内心涂抹上黄油。

4 放入烤箱180℃，加热2分钟。

组合

5 在汉堡坯上依次放上生菜、洋葱圈、番茄、酸黄瓜。

6 挤上沙拉酱，放上煎好的牛肉饼。

7 趁热放上一片奶酪。

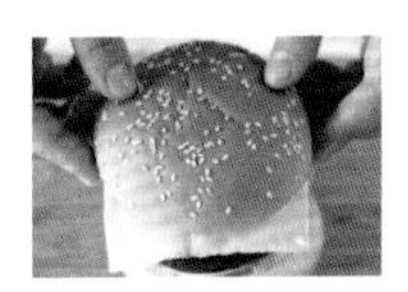

8 盖上另一片汉堡坯即可。

烹饪秘籍

牛肉饼煎制的时间根据饼的厚度来定，厚一点的肉饼所对应的煎制时间也要加长。

自制快餐
鸡排堡

时间
20分钟

总热量
774千卡

鸡排，炸好之后金黄酥脆，“咔哧咔哧”嚼起来很是过瘾。早餐时候炸一块速冻鸡排，省时省力，并且富含蛋白质，夹在面包里，美味营养全满分。

主料 汉堡坯2个 | 速冻鸡排2块

辅料 生菜2片 | 沙拉酱2汤匙 | 番茄酱2汤匙
油1汤匙

烹饪秘籍

与炸相比，煎更适于家庭操作，但是不易熟透，加水焖煎可以弥补。水量的多少取决于食材的大小，可以反复多次加水直到食材熟透。锅中有油，加水易飞溅，操作时应小心避免烫伤。

做法

洗菜

1 生菜冲洗干净，沥干水分，撕成小片备用。

煎制

使用方便食材

2 开小火，平底锅放少量油，同时放入两块鸡排煎炸。

3 待鸡排一面煎成浅金黄色，翻面继续煎成同样的金黄色。

4 平底锅中加入2汤匙清水，加盖焖。加水焖煎，可使鸡排受热均匀，彻底熟透。

5 锅中水收干后，打开锅盖，将鸡排煎成一面酥脆后，翻面继续煎至两面酥脆，出锅。

6 汉堡坯剖开，放在平底锅上小火加热1分钟。

组合

使用方便食材

7 取一片汉堡坯，放一块鸡排，加上沙拉酱。

8 沙拉酱上覆盖生菜片，加番茄酱，用生菜将两种酱料隔开，可以使汉堡的味道更有层次。盖上另一半汉堡坯，即组装完成。

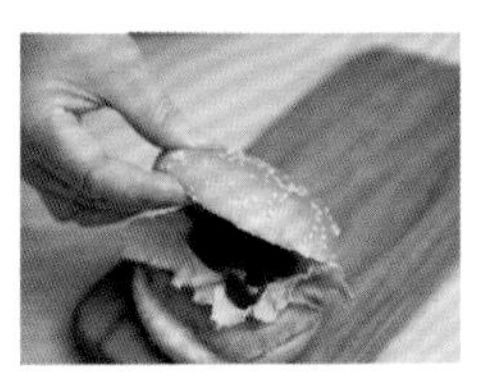

花样比萨

卷饼比萨

时间 15分钟

难度 中

总热量 459千卡

主料 麦西恩卷饼1张｜青椒50克｜红黄椒50克｜鸡胸肉100克｜马苏里拉奶酪50克

辅料 番茄酱1汤匙｜食用油适量

烹饪秘籍

① 利用现成的饼，只需卷好后用微波炉一加热，大功告成。

② 如果时间充裕，也可用烤箱替代微波炉，180℃加热10分钟即可。

做法

准备

1 青椒、红黄椒洗净去蒂，切成小丁。

2 鸡胸肉洗净去筋膜，切成小丁。

炒制

3 炒锅烧热放油，将青、红、黄椒丁放入炒熟盛出。

4 锅中再放入鸡胸肉丁炒熟。

组合

使用方便食材

5 将卷饼放入盘子中，均匀涂抹上番茄酱。

6 放上炒好的鸡胸肉和青、红、黄椒丁。

7 均匀撒上一层马苏里拉奶酪。

加热

8 放入微波炉，中火加热1分钟即可。

这样做比萨更简单
吐司底小比萨

时间 25分钟 | 难度 低 | 总热量 514千卡

蔬菜不用脱水处理，烤好的吐司片酥酥脆脆，既免除了做比萨发面的复杂程序，又是消灭吐司的一个好方法。

主料 吐司片4片（约200克）｜培根2片
洋葱80克｜胡萝卜100克
辅料 番茄酱4茶匙｜马苏里拉奶酪20克

做法

叠放准备

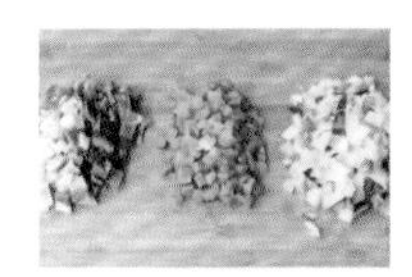

1 把胡萝卜、洋葱、培根分别切成碎末。

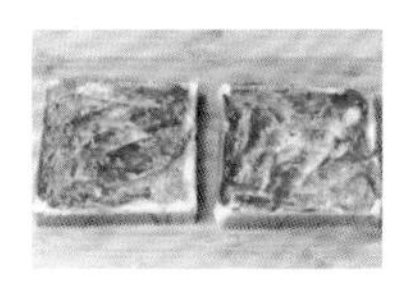

2 将番茄酱均匀涂抹在每片吐司片上。

3 把切好的蔬菜末及培根末先分出一半，撒在吐司上。

4 接着均匀撒上一层马苏里拉奶酪。

5 再撒上剩余的蔬菜末及培根末，这样烤出的吐司口感更丰富。

烤制

6 烤箱180℃预热5分钟，将吐司放入中层，烤15分钟至表面金黄即可。

烹饪秘籍

马苏里拉奶酪需要冷冻保存，使用前12小时将其放到冷藏室进行解冻，使用时直接撒在食物表面即可。

精巧小伪装

早餐鸡蛋杯

时间
30分钟

难度
低

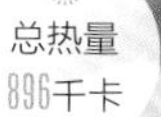

总热量
896千卡

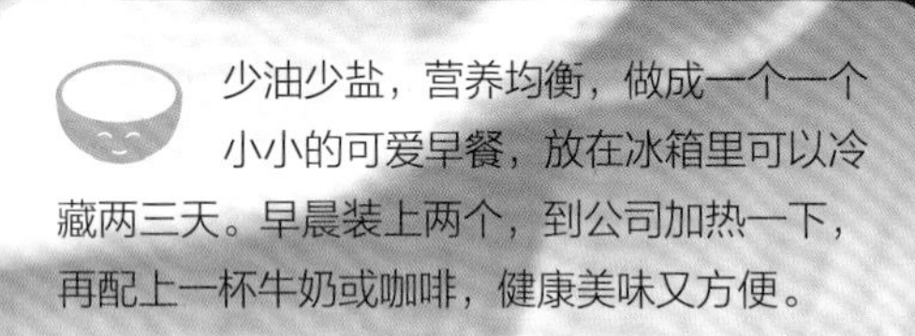

少油少盐，营养均衡，做成一个一个小小的可爱早餐，放在冰箱里可以冷藏两三天。早晨装上两个，到公司加热一下，再配上一杯牛奶或咖啡，健康美味又方便。

主料 鸡蛋4个 | 西蓝花50克 | 红椒1/2个
玉米粒2汤匙 | 培根2条
奶酪片3片 | 吐司1片

辅料 黑胡椒1/2茶匙 | 盐1/2茶匙

烹饪秘籍

奶酪片覆盖在鸡蛋杯表面，除了可以增加营养，提升美味，也能给鸡蛋“保湿”，使得鸡蛋在烘烤过程中表面不会变干变硬。除了在蔬菜中放打散的蛋液，也可以直接磕进一个鸡蛋，蛋黄最好戳破，更易烤透。

做法

切备

1 西蓝花冲洗干净，切成小朵；红椒去蒂、去根，切成丁；培根切成小片。

2 吐司切成小方块，奶酪片切成大块。如果有时间，吐司丁可以预烤到酥脆，口感更好。

填杯

3 鸡蛋打散，加入黑胡椒和盐，搅拌均匀。西蓝花、红椒、玉米粒、培根和吐司块拌匀。

4 蛋糕用纸杯放进模具或烤盘。烤箱预热180℃。

5 搅拌均匀的蔬菜均匀分配在六个纸杯中。蛋液浇在蔬菜上，液面略低于纸杯上沿以防溢出。

烤制

6 预热完成后将纸杯放进烤箱，烘烤15分钟。

7 取出纸杯，在鸡蛋杯表面盖上奶酪片。

8 重新放入烤箱。继续烘烤约5分钟，烤到奶酪片融化即可出锅。

千层的思念

法风烧饼

时间 15分钟 | 难度 低 | 总热量 530千卡

某快餐店把我们的烧饼夹肠变洋气了，烧饼换成了酥松的千层烧饼，里面夹的香肠也替换成了熏肉、培根，口感和味道果然不一样。自己做做看，看还能夹什么进去。

主料 ☑印度飞饼1张 | 鸡蛋1个 | 培根1片

辅料 生菜适量 | 白芝麻适量
沙拉酱2茶匙 | 盐少许
黑胡椒少许

做法

烤制

☑使用方便食材

1 烤箱预热180℃。印度飞饼对半切开成两块，放在烤盘上。

2 鸡蛋磕入碗中，蘸少许蛋液涂在飞饼表面，撒上白芝麻。

3 放入预热好的烤箱，烘烤10分钟，烤到飞饼变厚，鼓起来。

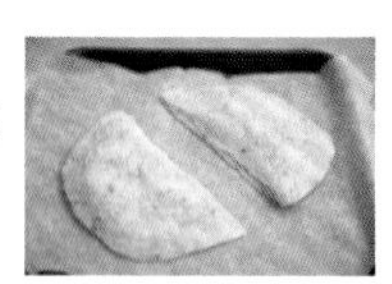

煎制

4 中火加热平底锅，锅热后放入对半切开成两段的培根煎至微焦后盛出。

5 鸡蛋倒入平底锅，将蛋黄戳破，撒少许盐、黑胡椒，两面煎熟后盛出。

组合

6 将生菜、培根和煎蛋摞起来放在一片飞饼上。

7 挤上少许沙拉酱，盖上另一片飞饼即可。

烹饪秘籍

煎培根会出油，如果使用不粘锅，煎过培根不用再额外放油，直接煎蛋就可以。如果是普通平底锅，还是要添加少许油，以免粘锅。烤飞饼的时候温度一定不能低，否则飞饼不上色，白白的很难看。

心灵与味觉的旅行

粢饭团

时间 25分钟 | 难度 中 | 总热量 978千卡

主料 大米100克 | 糯米50克
油条1根 | 卤蛋1个

辅料 萝卜干30克 | 肉松50克
熟花生仁适量 | 黑芝麻适量

做法

准备

1 糯米提前浸泡2小时以上，与大米一起蒸成米饭，水量要略少于平时蒸饭。

2 花生仁、萝卜干切碎，卤蛋切开成四瓣。

制作

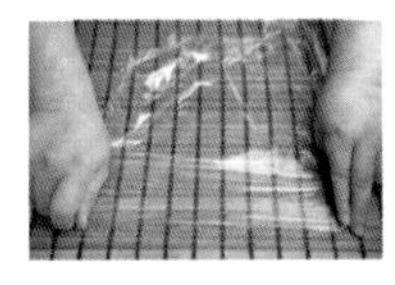

3 寿司卷帘平放，上面铺上一张保鲜膜，撒上适量黑芝麻。

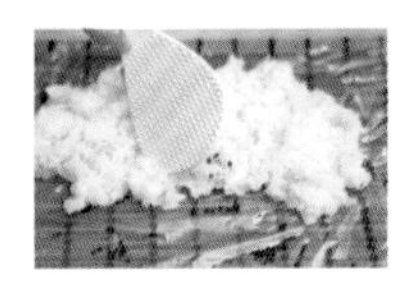

4 盛适量温热的米饭到保鲜膜上，摊开，轻轻压实。米饭不用太多，能把馅料都裹起来就好。

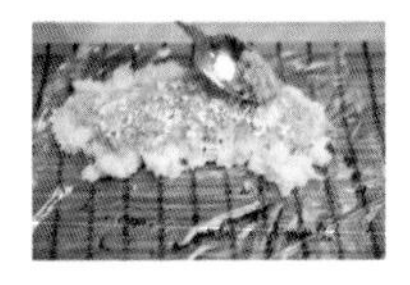

5 在米饭上撒上一层肉松、适量花生碎和一些萝卜干。

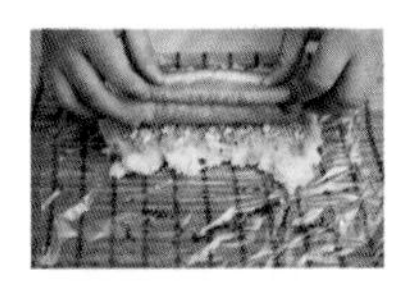

6 正中央放半根油条，紧挨着油条码上卤蛋。

7 抓住寿司卷帘将饭团卷起来，压紧。去掉卷帘，将两端的保鲜膜拧一下。食用时去掉保鲜膜即可。

烹饪秘籍

粢饭团除了做成咸的，还可以把萝卜干替换成砂糖和黑芝麻粉，同时把油条烤酥脆，就变成了甜饭团。如果没有寿司卷帘，可以用厚度适中的杂志替代，从书脊的一端开始卷就好。

变着花样吃土豆

奶酪土豆团子

时间 25分钟

难度 低

总热量 283千卡

土豆既可做菜也可当主食，烹饪起来也很省事。加了淀粉的土豆团子口感弹牙软糯，搭配任何酱料都好吃！

主料 土豆200克 | 奶酪碎8克

辅料 橄榄油2毫升 | 盐1克

☑ 浓汤宝半盒 | 淀粉20克

烹饪秘籍

① 加了牛奶做出的土豆团子味道格外香浓。

② 如果孩子喜欢有嚼劲的口感，可以往土豆泥中添加等量的面粉。

做法

准备

1 1克淀粉加30毫升清水调成水淀粉备用。

制作土豆泥

2 土豆洗净、去皮，切块，上蒸锅蒸15分钟至土豆熟软。

3 将土豆投入料理机，搅拌成泥状。

制坯

4 将土豆泥倒入一个大碗中，加盐、剩余淀粉搅拌均匀。

5 将土豆面糊分成每个20克左右的小丸子。

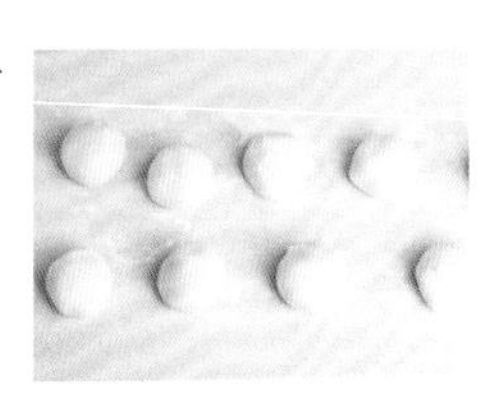

煎制

6 平底锅烧热，倒入橄榄油，放入土豆团子，小火煎至双面金黄。

7 在每个土豆团子上撒适量奶酪碎，加盖，小火焖2分钟后盛出。

调味

8 另起一锅，倒入浓汤宝和100毫升清水，煮开后加水淀粉勾芡，淋在土豆团子上即可。

☑ 使用方便调料

奶香小甜点

奶酪鸡蛋卷

时间 20分钟 | 难度 高 | 总热量 565千卡

勺子戳下去，金黄的切面露出来。这货是我们常吃的鸡蛋？！稍稍改变一下料理方式，给蛋一个展现自我的全新机会！

主料 鸡蛋3个 | 胡萝卜1/2根 | 火腿肠1根 | 奶酪片2片

辅料 牛奶3汤匙 | 盐1/2茶匙 | 油适量

做法

准备

1. 胡萝卜洗净去皮，切成细丝。加油将胡萝卜丝炒软待用。

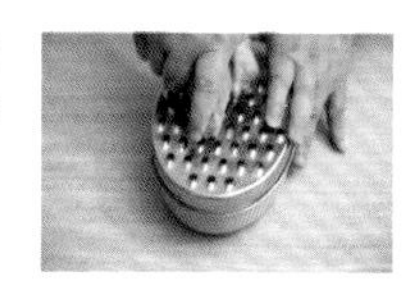

2. 火腿肠切成细条。奶酪片切条待用。

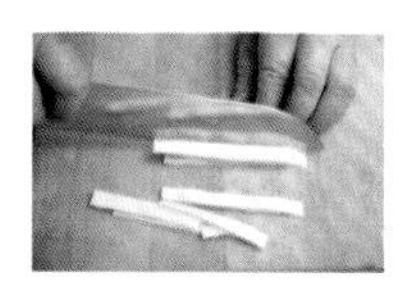

3. 鸡蛋磕入碗中，加入盐、牛奶打散。牛奶的加入可以使蛋液更顺滑，煎出的鸡蛋卷更滑嫩。

煎制

4. 小火加热平底锅，放入少许油抹匀，锅热后倒入蛋液。

5. 晃动锅使蛋液沾满锅底，蛋液略凝固后放入胡萝卜丝、火腿条和奶酪条。

6. 从平底锅的一端开始折叠蛋饼，折叠的宽度大约6厘米，逐渐将蛋饼卷成一条。

切段装盘

7. 卷好的蛋饼出锅，切成大段即可。

烹饪秘籍

煎蛋卷的时候，不要等蛋液完全凝固再开始卷，那样卷出的蛋卷内部会分层，不美观。蛋液基本定形，可以翻动的时候即可开始翻卷，如果担心内部不熟，完全卷好后用小火多加热一两分钟即可。

有内涵的吐司卷

肉松吐司海苔卷

时间 15分钟 | 难度 低 | 总热量 394千卡

主料 吐司片2片（约100克）| 肉松30克
土豆50克 | 海苔片1片

辅料 沙拉酱4茶匙 | 盐1/2茶匙

单一的肉松吃起来会比较腻，搭配土豆泥，可以让口感更清爽。制作步骤简单，你只需要早起10分钟就可以完成这道早餐。

做法

制作土豆泥

1 土豆洗净、去皮、切块，上锅蒸熟。

2 把蒸熟的土豆用勺子压成泥，加入盐，搅拌均匀。

叠放

3 吐司切掉吐司边，用擀面杖擀薄一些。

4 吐司上铺上土豆泥，抹上2茶匙沙拉酱，再放上肉松。

制作海苔卷

5 从吐司的一端开始将吐司卷起来，将吐司卷的接口处向下，在吐司卷的最上层抹上剩余沙拉酱。

6 把海苔片剪成碎片，将海苔碎撒在吐司卷的上方即可。

烹饪秘籍

食材中的土豆也可以换成山药，加入自己喜欢的调料，调成咸口的味道。

颜值与美味的合体
鲜虾锅贴

时间
10分钟

难度
高

总热量
583千卡

锅贴是中国著名的传统小吃，锅贴底面呈深黄色，面皮软韧，馅味香美。这款鲜虾锅贴保留了传统锅贴鲜美酥脆的同时，颜值也非常高！

主料 市售饺子皮10张 | 猪肉末150克 | 虾仁10只 | 香葱末20克

辅料 蚝油1汤匙 | 料酒1汤匙 | 十三香1茶匙 | 香油1茶匙 | 食用油适量

烹饪秘籍

选择虾仁的时候，要选大小适中的，不要太大，否则会包不下。

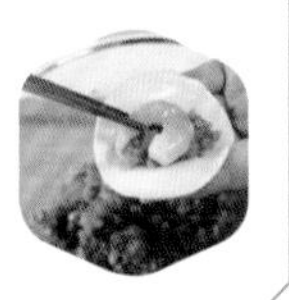

做法

做馅

1

虾仁放进碗中，加入料酒，腌制10分钟。

2

另取一个大碗，放入猪肉末、香葱末、蚝油、十三香、香油拌匀。

包锅贴

3

使用方便食材

取一张饺子皮，先放上猪肉馅，再放一只虾仁。

4

从中间对折，捏紧即可。

5

可以一次多包一些，放入冰箱冷冻备用，没时间做饭的时候能够节省烹饪时间。

煎制

6

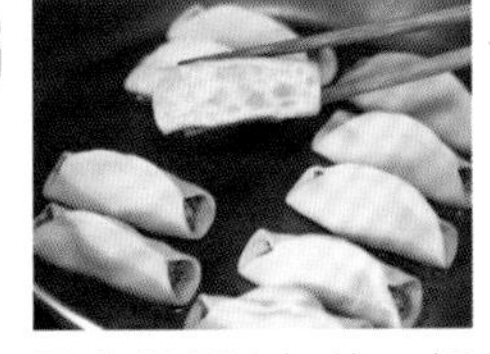

平底锅倒油加热，把锅贴码放进去，以中小火煎。

7

待锅贴底部变坚硬之后，倒入50克冷水，盖好锅盖。

8

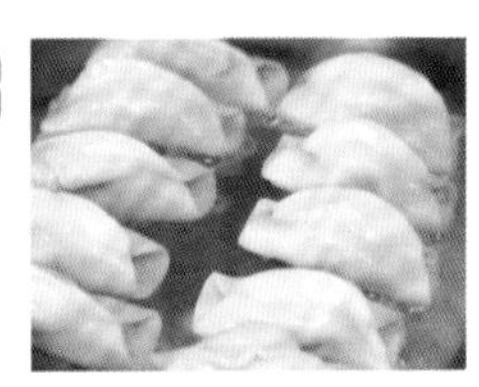

煎到水分完全收干即可出锅。

创意新吃法

抱蛋饺子

时间 10分钟　难度 中　总热量 792千卡

主料　速冻饺子10~15个　鸡蛋2个｜香葱2根

辅料　食用油适量

做法

准备

1 香葱洗净、去根，切末。

2 鸡蛋打入碗中，搅散。

煎饺

使用方便食材

3 平底锅倒油，把速冻饺子码放进去。

4 中小火慢煎，待底部变坚硬。

煎底

5 倒入鸡蛋液，盖好锅盖。

6 煎到蛋液完全凝固后出锅。

7 出锅后撒上香葱末即可。

烹饪秘籍

① 煎饺子时，切忌火力太大，要保持中小火慢煎，否则容易煳锅。

② 在忙碌的早晨也能吃饺子？速冻饺子或者前一晚剩下的饺子都可以照此办理。

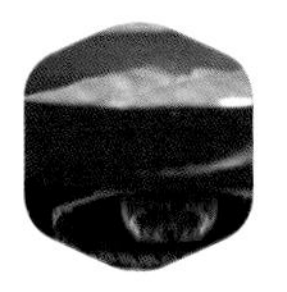

口口好滋味
蛋丝小馄饨

时间 20分钟 | 难度 中 | 总热量 418千卡

主料 速冻小馄饨10只 | 鸡蛋1个 | 香葱10克

辅料 盐1/2茶匙 | 香油1茶匙 | 生抽1汤匙 | 食用油适量

做法

准备

1 香葱洗净、去根，切末。

2 碗中打入鸡蛋，打散搅匀。

制作蛋丝

3 平底锅放油加热，倒入蛋液，小火摊成蛋饼。

4 盛出蛋饼切成细丝。

煮馄饨

使用方便食材

5 锅中烧开水，下入速冻馄饨，煮至馄饨全部浮起即可。

6 碗中放入香葱末、生抽、盐，倒入煮好的馄饨汤。

7 最后放入馄饨和蛋丝，淋上香油即可。

烹饪秘籍

① 馄饨汤中也可适量放入紫菜、虾皮，会使汤汁更鲜美。

② 家中常备速冻食品，早上起来吃到热乎乎的早餐一点也不难。

印象中的经典
水煎包

时间 10分钟
难度 中
总热量 545千卡

烹饪秘籍

加入水淀粉后要盖好锅盖，等水分基本收干再揭开，能使水煎包底部金黄酥脆。

主料 速冻肉包4~8个 | 香葱2根
辅料 水淀粉5克 | 食用油适量

做法

准备

1 香葱洗净、去根，切丁。

2 另取一个小碗，5克淀粉加入50克清水搅拌均匀。

煎制

使用方便食材

3 平底锅放油，将速冻包子码放进去，以中小火慢煎。

4 待包子底部变硬挺后，加入水淀粉，立即盖好锅盖。

5 直至水分收干，底部焦黄，就可以出锅了。

6 撒上香葱丁即可。

馒头的花样吃法
孜然馒头片

时间 10分钟
难度 中
总热量 306千卡

主料 馒头1个 | 鸡蛋1个 | 孜然粉1茶匙
辅料 盐2克 | 油10毫升

做法

准备

1 馒头切片；加盐和孜然粉搅打均匀备用。

2 将馒头片浸在蛋液里两面裹匀。

煎制

3 锅中倒入油，中火烧热后，逐一放入馒头片，煎至双面金黄即可盛出。

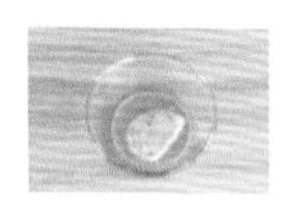

烹饪秘籍

煎好的馒头片可用厨房纸巾吸走表面的油分，更加健康。

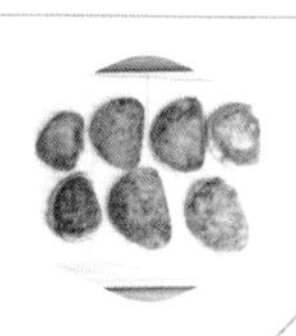

主料 市售肘子肉100克 | 烧饼2个
辅料 尖椒1个 | 香菜2棵

大口的满足
快手肉夹馍

时间 15分钟

难度 低

总热量 544千卡

喜欢肉夹馍又觉得自己炖肘子太费事吗？何不试试超市里炖好的熟食。买回来切片加热一下，再烤上两个酥脆的烧饼，虽然比不上饭店里的腊汁肉夹馍，咬一口，照样是满嘴流油的满足。

做法

做馅

使用方便食材

1 市售肘子肉切成小丁，蒸锅上汽后入锅蒸10分钟。

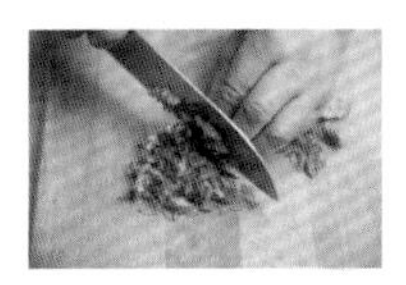
2 尖椒去蒂去子，冲洗干净，切成小丁。香菜去根，洗净，切碎。

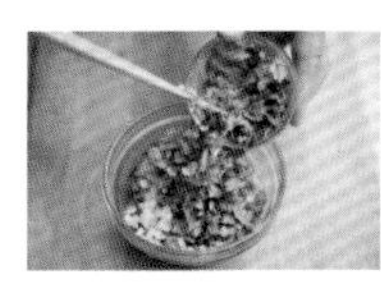
3 将香菜碎和尖椒丁放入蒸好的肘子肉中，搅拌均匀。

回温

4 中火加热平底锅，锅热后放入烧饼和2汤匙水，盖锅盖到水烧干，给烧饼加热回温。

填馅

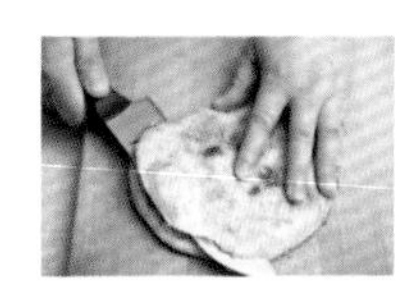
5 烧饼平放，用刀划开3/4，不要切断。

6 掀开烧饼，用勺子把拌好的肘子肉夹进去即可。

烹饪秘籍

买肘子肉的时候不要选太瘦的，纯瘦的肘子肉做肉夹馍会比较干。肘子肉蒸过之后会出肉汤，肉汤不要扔，跟肘子肉一起夹在烧饼里会有腊汁肉夹馍的效果。

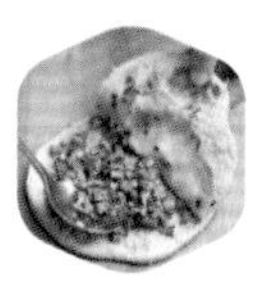

贴心老味道

老北京糊塌子 / 西葫芦鸡蛋饼

时间 20分钟　难度 低　总热量 758千卡

主料　西葫芦1个｜鸡蛋2个｜面粉150克

辅料　盐2茶匙｜花椒粉1/2茶匙｜大葱5克｜油适量

做法

准备

1 西葫芦去蒂、洗净，对半剖开，用勺子挖去子。

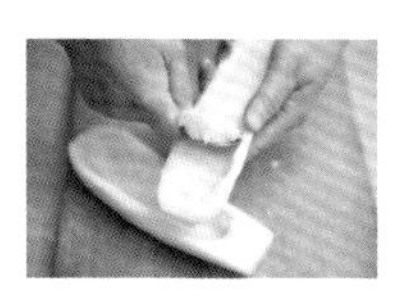

2 用擦丝器将西葫芦擦成细丝，放入一小盆中。大葱切碎成葱末。

搅拌

3 盆中打入2个鸡蛋，加入盐、花椒粉、葱末，搅拌均匀。

4 加入面粉，搅匀至没有干粉颗粒，静置15分钟之后再次搅匀。西葫芦加盐会出水，因此需要二次搅拌。

摊饼

5 小火加热平底锅，放入少量油抹匀。

6 油热后向锅中加入一汤勺面糊，用勺背将面糊摊开。

7 待面糊定形，一面成金黄色后借助铲子翻面，烙至两面金黄后即可出锅。

烹饪秘籍

传统的糊塌子在吃的时候会蘸醋蒜汁，即将蒜蓉加入香油、醋中，调匀即可。西葫芦水分很大，加盐后会出汤，所以不用额外加水。如果喜欢吃特别薄的饼，可以适当加水，面糊越稀，摊出的饼越薄。

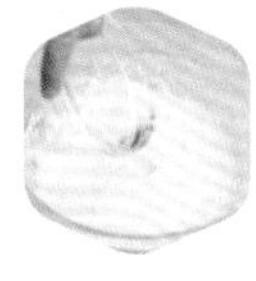

主料　番茄1个 | 鸡蛋2个 | 中筋面粉80克
　　　生菜4片 | 胡萝卜15克
辅料　盐1克 | 油1茶匙

好吃易做的懒人早餐
蔬菜面疙瘩

时间 15分钟
难度 高
总热量 483千卡

对于处于学生阶段的孩子来说，早上的时间是分秒必争的。营养丰富的面疙瘩美味又快捷，大大节省了早上的时间！

做法

准备

1 取一碗，磕入鸡蛋，打成蛋液，加盐和清水搅拌均匀。

2 筛入面粉，调和均匀备用。

3 番茄洗净、切块；胡萝卜洗净、切丁；生菜洗净，掰碎。

煮制

4 锅烧热放油，倒入番茄块、胡萝卜丁，煸炒至番茄软烂出汁。

5 加入400毫升热水，用筷子不断拨少许面糊下入锅中，直至拨完所有面糊。

6 待面疙瘩浮起后，放入生菜，再煮一两分钟，加盐调味后即可出锅。

烹饪秘籍

加了鸡蛋的面糊很容易膨胀，所以拨面糊时要注意控制面疙瘩的大小。

香浓还能拉丝

三文鱼焗饭

时间 30分钟 | 难度 中 | 总热量 441千卡

美味的三文鱼上铺着厚厚的马苏里拉奶酪，拉丝效果一级棒。宝宝爱吃，妈妈做起来也方便！

烹饪秘籍

为了焗饭干爽的口感，这道料理最好用隔夜的剩饭来做。

主料 三文鱼100克 | 米饭1碗（约100克） 洋葱15克 | 速冻杂菜（胡萝卜丁、青豆、玉米粒）25克 马苏里拉奶酪50克

辅料 橄榄油10毫升 | 黑胡椒碎1克 柠檬汁少许 | 蚝油1茶匙 | 蜂蜜1茶匙 盐1克

做法

准备

1 用厨房纸巾吸干三文鱼表面的水分，切成1厘米见方的小块；洋葱切丁备用。

2 三文鱼加黑胡椒碎、柠檬汁腌10分钟；烤箱190℃预热15分钟。

炒制

3 平底锅烧热，倒入橄榄油，倒入洋葱，中火煸炒至洋葱变半透明。

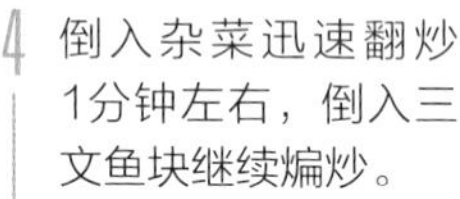

使用方便食材

4 倒入杂菜迅速翻炒1分钟左右，倒入三文鱼块继续煸炒。

5 待三文鱼变色后倒入米饭，加蚝油、蜂蜜、盐，翻炒均匀。

烤制

6 将炒好的饭倒入烤盘中，表面铺上马苏里拉奶酪。

7 将烤盘放入烤箱中层，烤10分钟，至奶酪表面融化、略带焦痕即可。

主料 番茄1个（约30克）| 洋葱1/4个
牛肉糜50克 | 意大利面100克

辅料 番茄酱2汤匙 | 盐1克 | 白糖1/2茶匙
橄榄油10毫升 | 黑胡椒碎1茶匙
大蒜2瓣 | 综合香草1茶匙
红酒10毫升

经典中的经典
意式肉酱面

时间 25分钟 | 难度 中 | 总热量 497千卡

番茄搭配肉食向来是宝宝喜欢的口味。番茄、洋葱的味道全部融进了肉酱里，营养好，味道更好！

做法

准备

1 番茄洗净，切成小块；洋葱去皮，切碎；大蒜去皮，压成蒜蓉备用。

制作肉酱

2 平底锅烧热，倒入橄榄油，放入洋葱碎、蒜蓉，中火煸炒至洋葱变半透明。

3 倒入番茄丁、牛肉糜，中火煸炒至肉糜变色，加番茄酱、盐、白糖、综合香草、黑胡椒碎及红酒。

4 小火慢炖20分钟，直至红酒完全挥发后盛出备用。

煮面装盘

5 另取一锅，放500毫升清水，烧开后放入意大利面，煮8~10分钟，沥水备用。

6 意面铺在盘中，浇上适量的肉酱即可。

烹饪秘籍

牛肉酱炖的时间越长，味道越醇厚，所以要有足够的耐心。

平易近人

番茄鸡蛋面

时间 20分钟　难度 低　总热量 275千卡

“饿了吗？那我给你煮碗面吧。”红的西红柿，白的挂面，还有一个溏心荷包蛋，点缀上绿色的葱花，热热乎乎又容易消化，无论盛在什么样的碗里，看着都赏心悦目。

主料　挂面50克 | 番茄1个 | 鸡蛋1个

辅料　大葱3克 | 香葱1棵 | 白胡椒粉1/2茶匙 | 鸡精1/2茶匙 | 盐1茶匙 | 香油1茶匙 | 油适量

做法

切备

1 番茄洗净去蒂，切成小块；香葱去根，切小粒；大葱切成葱花。

制汤底

2 中火加热炒锅，锅热后放少许油，下葱花爆香。

3 放入番茄，翻炒到变软，出红油。

4 放入鸡精。加足量水，转大火烧开成汤底。

煮面

5 锅中的汤即将要沸腾的时候，磕入1个鸡蛋，转小火。不要搅动，煮成荷包蛋。

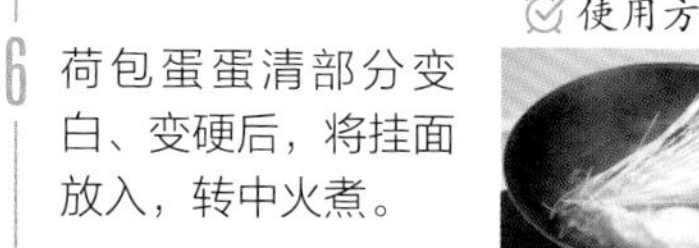

使用方便食材

6 荷包蛋蛋清部分变白、变硬后，将挂面放入，转中火煮。

7 放入盐、胡椒粉调味。将面条煮熟，出锅前淋入香油，撒上香葱粒即可。

烹饪秘籍

在汤面中加荷包蛋的做法，在北方叫“卧鸡蛋”。在沸水中直接磕入鸡蛋会把蛋清“煮飞”，在水将沸未沸的时候磕入鸡蛋，再关火焖3分钟，蛋清凝固一些之后再开火煮，可以更好地保证鸡蛋的完整性。

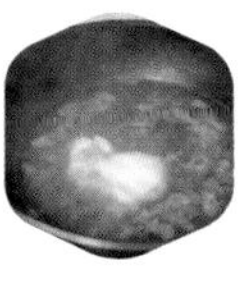

麦兜经典菜系

咖喱鱼丸乌冬面

时间
15分钟

难度
低

总热量
422千卡

咖喱块是个好东西，不仅能做咖喱饭，还能做咖喱面。乌冬面的可塑性特别强，放在浓厚的汤汁里煮一煮，弹弹滑滑，汤汁的味道完全渗入面条。配上一些蔬菜，几粒鱼丸，美味与颜值齐飞。

主料 鲜乌冬面2袋 | 咖喱块2块
鱼丸10个

辅料 胡萝卜适量 | 盐少许
西蓝花适量 | 油少许
白煮蛋1个

做法

切备

1 胡萝卜洗净切菱形片；西蓝花掰成小朵洗净；白煮蛋去壳对半切开。

煮制

2 烧一小锅水，水开后放少许盐和几滴油，下西蓝花、胡萝卜片，煮30秒后捞出。

3 锅中放入咖喱块，煮到咖喱块溶解。

使用方便食材

4 放入鱼丸，煮到鱼丸变软，漂起来。

使用方便食材

5 放入乌冬面，煮3~5分钟，待乌冬面变软，恢复弹性即可关火。

装盘

6 取一个汤碗，将乌冬面捞出，倒入适量面汤。

7 在乌冬面表面摆上鱼丸、胡萝卜、西蓝花和半个白煮蛋即可。

烹饪秘籍

市售的真空保鲜乌冬面都是熟的，只要放入面汤中煮软就可以。面中的配菜在清水中煮熟，颜色更鲜亮。因为咖喱会给蔬菜染色，不介意颜色的话跟面条一起在咖喱汤中煮也可以。

丝滑小清新

水波蛋沙拉

时间 20分钟

难度 中

总热量 316千卡

主料 鸡蛋1个 | 苦菊100克 | 培根2片 红黄椒50克

辅料 凯撒沙拉酱1汤匙

做法

准备

1 苦菊、红黄椒洗净，切成小段。

2 平底锅中火加热，放入培根煎熟。

3 煎好的培根切成小块。

制作水波蛋

4 奶锅中倒水，中小火加热，待锅底冒小气泡，打入一颗鸡蛋。

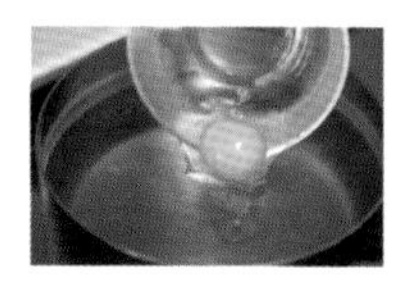

5 然后直接关火，盖上锅盖，闷5分钟，直到蛋白煮熟。

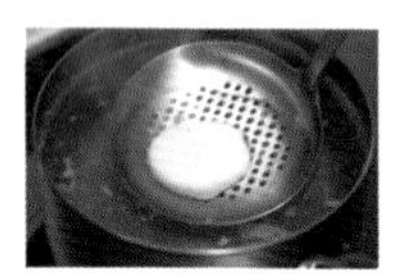

制作沙拉

6 将苦菊铺在盘底，依次摆上红黄椒、培根，倒上凯撒沙拉酱。

7 取最后放上煮好的鸡蛋即可。

烹饪秘籍

① 沙拉是早餐的营养之选，选对沙拉酱不仅美味，还很省时。

② 想要做出一颗形状均匀的水波蛋，煮熟捞出来后，过一遍凉水，把多余的蛋白洗掉即可。

宁波人的心头好

青菜火腿年糕汤

时间 20分钟 | 难度 低 | 总热量 397千卡

在宁波，年糕吃法一般分炒年糕和年糕汤两类，其中咸的年糕汤很是经典。年糕软糯，香菇鲜香，青菜爽脆，还给“无肉不欢”的我们加上了火腿。

主料 水磨年糕100克｜小白菜2棵｜火腿50克｜鲜香菇2个

辅料 葱3克｜鸡精1/2茶匙｜盐1茶匙｜香油适量｜油少许

做法

切备

1 小白菜切去根，冲洗干净后切成寸段。叶子和梗分开。香菇去蒂、切片。大葱切成葱花。

2 水磨年糕掰散开，切成厚片。火腿切丝。

炒料煮汤

3 中火加热炒锅，锅中放少许油，烧至六成热时放葱花，煸炒出香味。

4 放入香菇片，煸炒到香菇片变软，收缩。加入约2小碗水，转大火烧开。

5 放入年糕片，煮至汤汁沸腾后下小白菜梗和火腿丝，转中火煮到年糕片变软。火腿易碎，不要放太早。

调味

6 放入小白菜叶和香油、鸡精，调入盐。小白菜叶变色后即可关火出锅。

烹饪秘籍

市面上出售的水磨年糕一般有两种形状，块状的和棒状的。块状的切片就好，棒状的可斜刀切成小段。年糕入锅后要多搅拌，以免黏在一起成坨。

复制韩餐店的美味

韩式大酱汤

时间 20分钟 | 难度 低 | 总热量 341千卡

主料 西葫芦100克 | 豆芽50克 | 土豆100克 | 豆腐150克

辅料 ☑ 韩式大酱2汤匙 | 盐1/2茶匙 | 酱油2汤匙 | 食用油适量 | 大蒜3瓣

做法

准备

1 西葫芦洗净切片、土豆洗净去皮后切片。

2 豆腐切块。

3 大蒜剁成蒜泥。

食材预煮

4 锅中倒油，放入土豆翻炒。

5 加水没过食材，大火烧开后转小火。

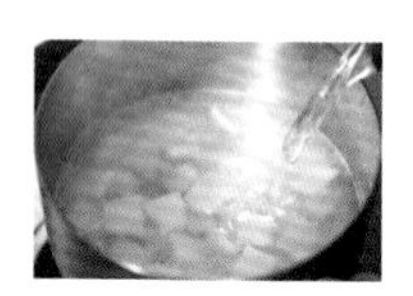

制汤调味

☑ 使用方便调料

6 放入韩式大酱、酱油和盐，用勺子搅拌至酱料完全溶解。

7 放入豆腐、豆芽和西葫芦，小火煮5分钟。

8 放入蒜末，出锅即可。

烹饪秘籍

① 单独制作大酱汤的过程就省去了，直接用冲的味道也不错。

② 比较难煮的土豆要先放入，其他容易熟的可以后放，这样可以节省烹煮的时间。韩式大酱汤不用刻意去加入什么菜，依据自己现有的食材即兴发挥即可。

主料　鲜海带100克 | 内酯豆腐100克
香葱末2根

辅料　味噌酱2汤匙 | 盐1/2茶匙
生抽1茶匙 | 白糖1/2茶匙

快手又美味

日式味噌汤

时间 15分钟 | 难度 中 | 总热量 115千卡

做法

准备

1 海带洗净切成小块。

2 内酯豆腐切正方形小块。

煮汤调味

3 汤锅中烧水煮沸，放入海带，转小火煮。

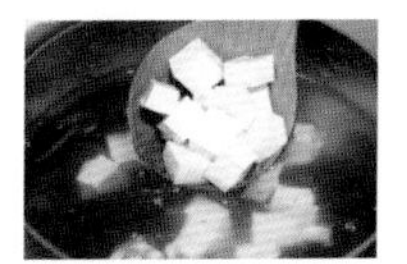

4 放入内酯豆腐继续煮5分钟。

使用方便调料

5 转大火煮沸后，放入味噌酱、盐、生抽和白糖，再煮1分钟左右撒香葱末即可。

烹饪秘籍

① 如果买不到新鲜的海带，也可用干海带代替，提前一晚用水泡发即可。在豆腐的选择上，内酯豆腐相较于老豆腐口感更柔滑。

② 一碗味噌汤从来没这么简单过，加点爱吃的食材进去也很方便。

每一口都是鲜

虾仁豆腐汤

时间 15分钟

难度 中

总热量 151千卡

主料 冷冻虾仁50克 | 内酯豆腐200克 | 西蓝花100克

辅料 盐1/4茶匙 | 食用油适量

做法

准备

使用方便食材

1 冷冻虾仁提前放入冰箱冷藏解冻。

2 西蓝花洗净后去掉根部，切成小朵。

3 西蓝花放入盐水中浸泡。

4 内酯豆腐切块。

煎制

5 锅中放油，放入虾仁煸炒至变色。

煮汤调味

6 向锅中倒入适量清水，放入西蓝花和豆腐。

7 中火煮10分钟，加盐调味，搅拌均匀后即可。

烹饪秘籍

盐水浸泡西蓝花的方法不仅可以去掉西蓝花里面的虫子和灰尘，还可以保持西蓝花的鲜味和口感。

养胃首选
菠菜菌菇粥

主料 大米150克 | 香菇3朵 | 胡萝卜50克 | 菠菜100克

辅料 浓汤宝1块

做法

准备

提前一晚做法 1→4

1 香菇、胡萝卜洗净，切成小丁。

2 菠菜洗净去根，切成小段。

3 将菠菜、香菇和胡萝卜丁放进保鲜盒，放入冰箱冷藏备用。

预约制作粥底

4 大米淘洗净，按米水1：8的比例放入电饭煲，使用预约功能预约第二天起床时间出锅。

混合调味

早晨做法 5→7

5 将胡萝卜、香菇丁放入提前熬好的白粥中，小火熬煮5分钟。

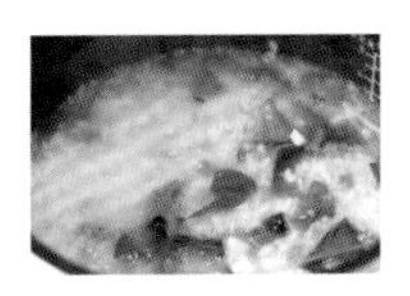

6 再放入菠菜段小火煮1分钟。

使用方便调料

7 放入一块浓汤宝，搅拌均匀即可出锅。

烹饪秘籍

① 想在早晨喝到一碗营养煲粥，可以提前一晚制备，第二天早上只需5分钟就能搞定。

② 胡萝卜、香菇要切成小丁，可有效节省煮制的时间。

咸香适宜

鸡丝粥

时间 10分钟

难度 低

总热量 755千卡

爽口又不缺滋味的一道粥品，是喜欢咸鲜口味者的极佳选择，同时也满足了早餐所需要的全部营养。

主料 大米150克｜鸡胸肉200克

辅料 香葱2根｜料酒2茶匙｜盐适量 白胡椒粉适量

烹饪秘籍

在鸡胸肉的选择上，选择鸡小胸最为合适，鸡小胸肉质鲜嫩，更适合煮粥。

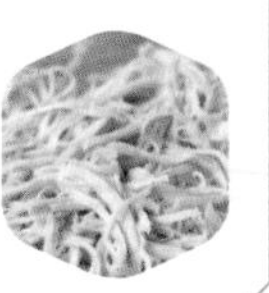

做法

制作鸡丝

提前一晚做法 1→7

1 将鸡胸肉洗净。

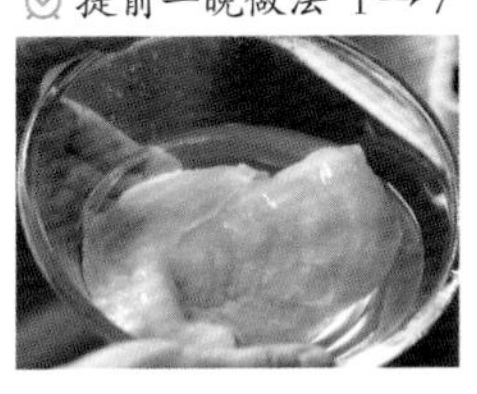

2 锅中烧开水，加入鸡胸肉和料酒，煮熟捞出。

3 将煮熟的鸡肉撕成鸡丝。

4 香葱去根洗净，取葱绿部分切成小丁。

5 将鸡丝和香葱丁放入保鲜盒，放进冰箱冷藏备用。

预约制作粥底

6 大米淘洗干净放入锅中，加入煮饭量三倍的清水。

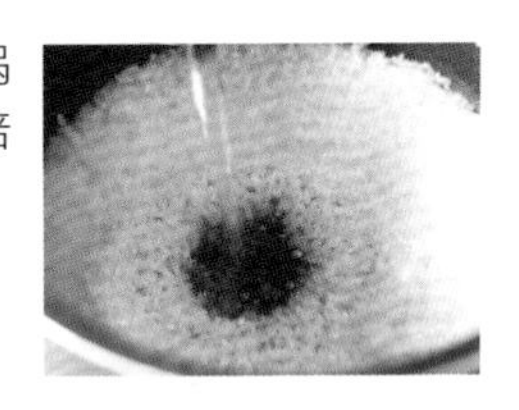

7 使用电饭煲的预约功能，选择第二天清晨起床的时间，按下预约键。

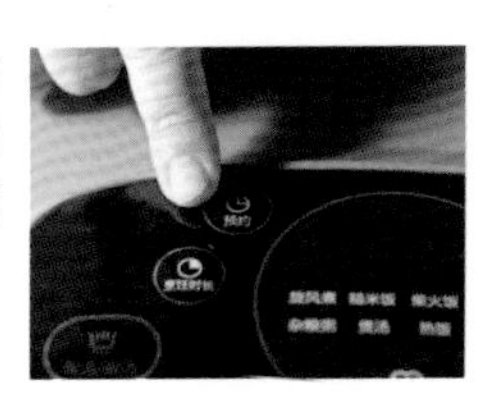

混合出锅

早晨做法 8→9

8 将鸡丝放入煮好粥中，加入盐和白胡椒粉，用勺子推散开，再煮5分钟。

9 出锅前撒上香葱丁，搅拌均匀即可出锅。

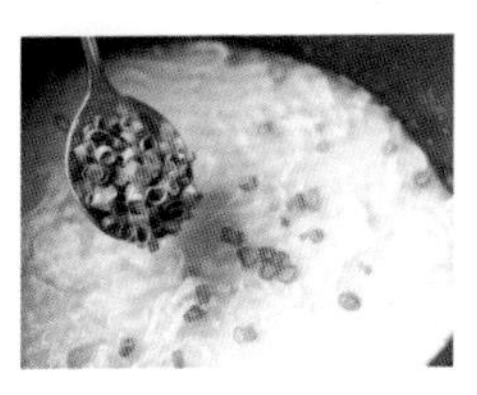

香甜丝滑

红薯甜粥

时间 10分钟

难度 低

总热量 605千卡

主料 大米150克 | 红薯100克

辅料 白糖1茶匙

做法

备料

提前一晚做法 1 → 2

1 红薯洗净、去皮，切成小块蒸熟，放入保鲜盒冷藏。

煮粥

2 大米淘净入锅，米与水的比例为1：8，使用电饭煲的预约功能，选择第二天清晨起床的时间，按下预约键。

混合调味

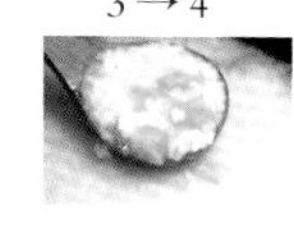

早晨做法 3 → 4

3 将红薯块放入提前煮好的大米粥中，拌匀，熬至浓稠，红薯熟软。

4 加入1茶匙白糖，搅拌均匀即可出锅。

烹饪秘籍

可以使用蜂蜜代替白糖，口感非常香甜。红薯块也可以放入微波炉中，盖上一层保鲜膜，中高火转2分钟。

健康之选

南瓜牛奶燕麦粥

时间 5分钟

难度 低

总热量 686千卡

主料 牛奶500克 | 燕麦片100克 | 南瓜块100克

辅料 白糖1茶匙

做法

煮粥

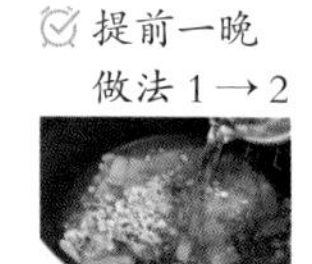

提前一晚做法 1 → 2

1 将燕麦片和南瓜块放入锅中，加燕麦片三倍的清水。

2 使用电饭煲预约功能，选择第二天清晨起床的时间，按下预约键。

混合调味

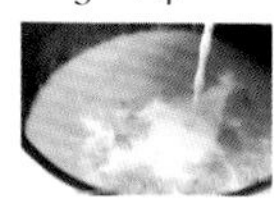

早晨做法 3 → 4

3 将牛奶倒入提前煮好燕麦南瓜粥中，搅拌。

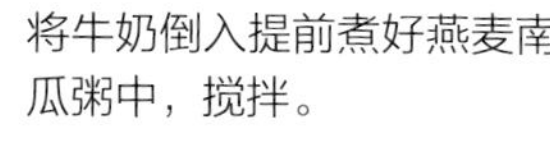

4 撒上1茶匙白糖搅匀即可。

烹饪秘籍

燕麦清洗干净后放入水中浸泡半小时，煮出来的粥味道更香浓。

2
Chapter
午餐

肥而不腻

粉蒸排骨 + 凉拌甜豆

时间 70分钟

难度 低

总热量 1079千卡

粉蒸排骨肥而不腻、酥软入味！在这里提示一下，做粉蒸排骨的土豆一定要切厚一点，因为蒸的时间比较长，如果土豆太薄太小，一会儿你就再也找不到它了。

主料　猪肋排200克 | 土豆100克
甜豆100克 | 鲜百合20克

辅料　☑ 蒸肉粉（含调料汁）100克
料酒60毫升 | 生抽1汤匙

做法

备料腌制

1 肋排洗净，斩成小块；土豆去皮、洗净，切厚片；鲜百合洗净，剥成片。

2 在肋排中倒入料酒、生抽，腌制10分钟。

☑ 使用方便调料

3 将肋排和土豆裹上一层蒸肉粉及调料汁，搅拌均匀。

蒸制

4 将土豆铺在盘底，上面盖上肋排，放入蒸锅大火蒸1小时左右。

制作凉拌甜豆

5 另起一锅，烧沸水，将甜豆和百合片焯熟，起锅沥干。

6 将粉蒸排骨和百合甜豆分别装入餐盒即可。

烹饪秘籍

市售的蒸肉粉一般已经含调味料，如喜欢口味重的，可以再拌入少许辣椒粉。

“蒸”得很嫩

豉汁蒸排骨＋南瓜饭

时间 30分钟 | 难度 低 | 总热量 982千卡

主料 猪肋排200克｜生花生米30克｜南瓜50克｜大米60克

辅料 食用油1汤匙｜豆豉1汤匙｜姜10克｜蒜10克｜料酒1汤匙｜白糖1茶匙｜生抽1茶匙｜蚝油1茶匙｜淀粉1茶匙

豆豉是一种神奇的调料，与什么食材都百搭，而且豆豉可以蒸一切，但它与排骨是最好的搭档。排骨饱满多汁，花生也十分香糯。

做法

腌制准备

1 肋排斩小块，先用流动的水冲洗，再在清水中浸泡20分钟，彻底去除血水。

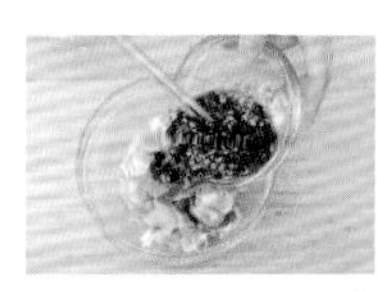

2 将豆豉、姜、蒜分别切末，和料酒、白糖、生抽、蚝油混合成调料汁，将肋排腌制10分钟。

3 在肋排中倒入油，撒入淀粉，搅拌均匀，放上生花生米。

蒸制

4 放入蒸锅，上汽后大火蒸制15分钟，至排骨熟透即可。

制作南瓜饭

5 南瓜去皮、去瓤，切成2厘米大小的方块。

使用方便锅具

6 南瓜和淘洗好的大米一起放入电饭煲，加水至高出大米1厘米，煮约15分钟至熟。

组合

7 肋排蒸至软烂后起锅，和南瓜饭分别放入餐盒即可。

烹饪秘籍

南瓜水分很多，焖南瓜饭时，水量要比普通的大米饭少一些。

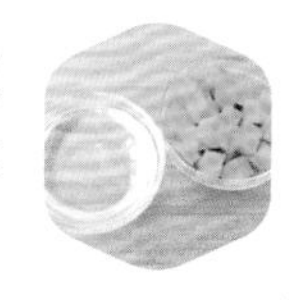

鸡翅的变身

香菇鸡翅＋玉米豌豆饭

时间 30分钟

难度 低

总热量 975千卡

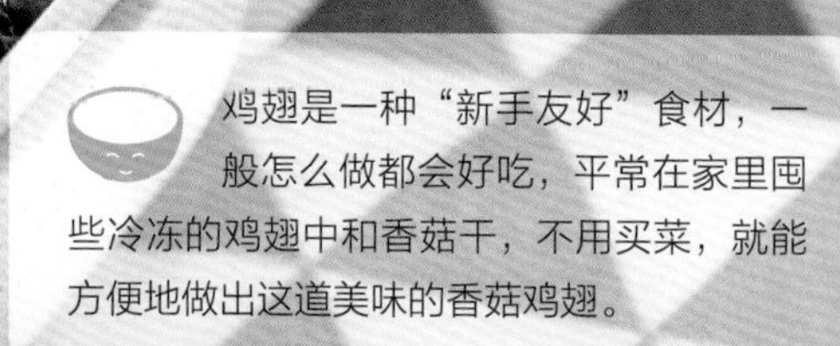

鸡翅是一种“新手友好”食材，一般怎么做都会好吃，平常在家里囤些冷冻的鸡翅中和香菇干，不用买菜，就能方便地做出这道美味的香菇鸡翅。

主料 鸡翅中300克 | 干香菇15克
大米60克 | 甜玉米粒30克
豌豆20克

辅料 葱10克 | 姜20克 | 食用油1汤匙
料酒2汤匙 | 生抽1汤匙
老抽1/2汤匙 | 冰糖10克
蚝油1汤匙 | 盐1/2茶匙

烹饪秘籍

① 平常买的鸡翅中一般是冰鲜或者冷冻的，会有腥味，烹制前需要用料酒和姜片去腥。
② 豌豆要最后几分钟放入，以保持青翠。

做法

准备

1 鸡翅中洗净，斩成小块；葱切段；姜切薄片；干香菇泡发；大米、豌豆洗净。

制作香菇鸡翅

2 鸡翅用1汤匙料酒和一半的姜片腌制10分钟后，去掉腌料。

3 锅烧热后加油，烧至七成热后，下姜片爆出香味，放入鸡翅，大火煎炒。

4 在锅中烹入1汤匙料酒和生抽、老抽，煎炒至鸡翅皮收缩，放入香菇翻炒。

5 下冰糖、蚝油，倒水没过鸡翅，大火炖煮。

制作豌豆饭

使用方便锅具

6 炖鸡翅时开始焖玉米饭：大米和甜玉米粒一起放入电饭煲，加水至高出大米1.5厘米，煮约15分钟至熟。

收汁组合

7 鸡翅炖至汤汁变浓稠后，加入盐，撒入葱段，收汁起锅。

8 煮饭程序完成后，放入豌豆，闷3分钟左右，将香菇鸡翅和玉米豌豆饭分别放入餐盒即可。

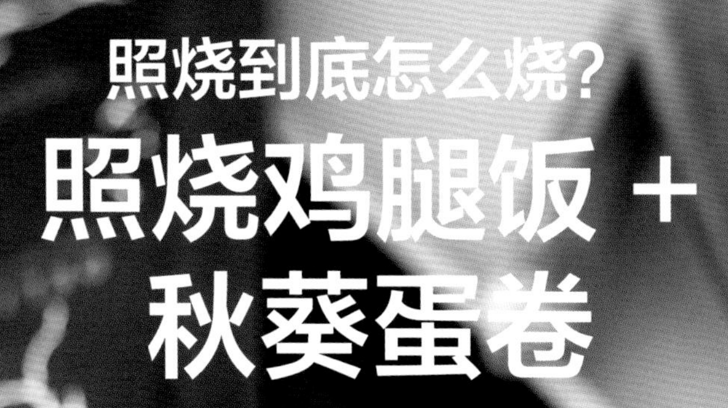

照烧到底怎么烧？

照烧鸡腿饭 + 秋葵蛋卷

时间 40分钟

难度 低

总热量 646千卡

照烧汁酱香浓郁又带甜味的口感很受欢迎，一直以为是加了什么神秘调料，其实没有照烧汁，在家也可以使用家常的调料调配出来，而且自己DIY出来的照烧鸡腿，比店里的更好吃呢。

主料 去骨鸡腿肉200克 | 鸡蛋2个
秋葵50克 | 米饭1碗（约150克）

辅料 姜10克 | 食用油20毫升 | 料酒4汤匙
生抽2汤匙 | 老抽1汤匙 | 蜂蜜1汤匙
盐1/2茶匙 | 熟白芝麻适量

烹饪秘籍

① 照烧汁可以用3份料酒、2份老抽、1份生抽、1份蜂蜜混合的方法在家中简易配制。

② 炖煮鸡腿的过程中注意多翻动，多浇汁，使鸡腿肉更入味。

做法

准备

1 姜切末；去骨鸡腿肉用姜末和1汤匙料酒腌制10分钟；鸡蛋磕入碗中打散，加盐搅匀；秋葵洗净后切去头尾。

制作鸡腿

也可使用市售照烧汁

2 把生抽、老抽、蜂蜜和3汤匙料酒混合，加入三四汤匙清水，搅匀成照烧汁。

3 锅烧热后加15毫升油，烧至七成热后，放入鸡腿肉，鸡皮一面朝下，中火煎。

4 煎至鸡腿皮微焦黄，翻面，煎至鸡腿肉收缩。

5 倒入照烧汁，中小火炖煮，煮的过程中把照烧汁往鸡腿肉上浇，煮至汤汁浓稠后，盛出照烧鸡腿备用。

制作秋葵蛋卷

6 锅中烧沸水，下秋葵焯熟后捞起控水。

7 锅烧热，加入5毫升油，烧至五成热，倒入蛋液，摊成蛋饼。

8 把秋葵放在蛋饼的一头，往另一头翻卷成蛋卷，切成段。

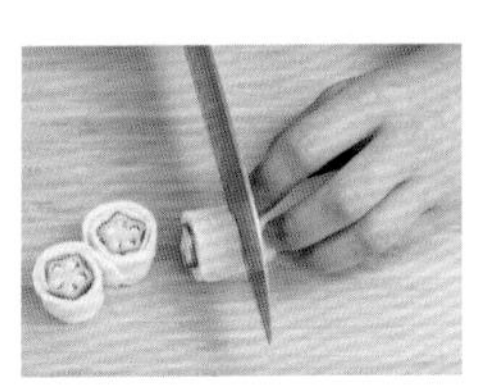

组合

9 将照烧鸡腿切成条，和秋葵蛋卷一起盖在米饭上，最后撒上熟白芝麻，和照烧鸡腿一起装入饭盒即可。

人间烟火

干炒牛河＋白灼芥蓝

时间 30分钟

难度 中

总热量 270千卡

炒牛河是广东一带的特色小吃，河粉弹牙，豆芽爽脆，牛肉嫩滑，这香气扑鼻的一盘，令人食指大动。炒牛河加一份白灼蔬菜，荤素搭配，营养美味。

主料 河粉100克 | 牛里脊50克 | 芥蓝200克
洋葱20克 | 韭黄20克 | 绿豆芽50克
葱10克 | 小红椒10克

辅料 食用油20毫升 | 料酒1汤匙 | 生抽1茶匙
老抽1茶匙 | 盐1茶匙 | 淀粉1汤匙
蚝油1汤匙 | 蒸鱼豉油1汤匙

烹饪秘籍

① 干炒牛河一定要全程猛火快炒，注意食材下锅后要快速滑散，保持受热均匀。

② 芥蓝焯水后过冷水可以保持翠绿。

做法

准备

1 牛里脊洗净，切成薄片，加淀粉和1/2汤匙料酒一起抓匀，腌制10分钟。

2 洋葱、韭黄、绿豆芽及葱洗净，洋葱切丝，韭黄、葱切3厘米长的段。

3 剩下的1/2汤匙料酒和生抽、老抽、盐混合搅拌均匀成料汁备用。

制作干炒牛河

4 锅烧热，倒入15毫升油，大火烧至冒烟，迅速倒入牛肉片滑散，翻炒至牛肉变色后，盛出备用。

5 锅再次烧热，倒入5毫升油，放入河粉，大火急速翻炒半分钟左右。

6 倒入之前炒好的牛肉，以及洋葱、韭黄、绿豆芽，大火翻炒至蔬菜断生。

7 淋入料汁，放入葱段，再次翻炒至料汁均匀即可起锅。

制作白灼芥蓝

8 芥蓝洗净，切成两段；小红椒洗净，横向切成辣椒圈。

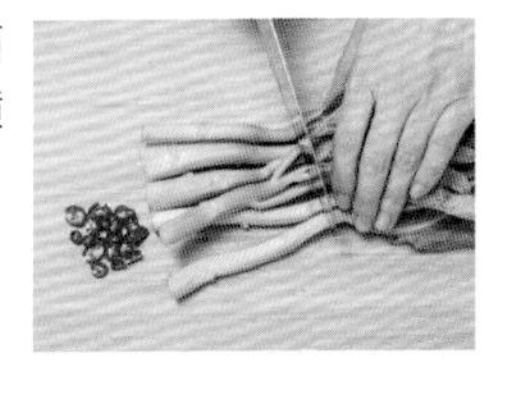

9

锅烧沸水，放入芥蓝，焯1分钟左右至熟，捞出过冷水后，控干放入盒中。

10

锅烧热，加约3汤匙水，在水中放入蚝油、蒸鱼豉油和辣椒圈，大火将调料汁煮沸。

11

把调料汁另装盒子，吃之前淋入芥蓝中即可。

吃鱼不吐刺

香煎龙利鱼+蔬菜炒饭

时间 30分钟　难度 低　总热量 282千卡

做便当一般选肉类食材较多，鱼类不方便收拾而且常常有鱼刺，龙利鱼肉质嫩、腥味小又无刺，很适合作为便当食材，补充优质蛋白质。

主料 龙利鱼200克 | 芦笋60克
圆白菜50克 | ☑冻蔬菜丁60克
米饭1碗（约100克）

辅料 柠檬半个 | 姜10克 | 玉米油2汤匙
黑胡椒粉1/2茶匙 | 盐1茶匙
料酒1茶匙 | 白葡萄酒1茶匙

烹饪秘籍

① 龙利鱼柳比较柔软，煎鱼的火不要太大，不要频繁翻动。

② 如没有柠檬，也可滴入几滴米醋。

做法

准备

1 龙利鱼解冻，加料酒、1/2茶匙盐和一半的黑胡椒粉，腌制半小时；姜切片；芦笋洗净，择去老根后切成3厘米长的段。

2 锅中放水烧沸，放入芦笋焯20秒左右，捞出，浸泡在凉水中。

制作龙利鱼

3 平底锅烧热，倒入1汤匙玉米油，烧至五成热时，放入姜煸出香味。

4 放入鱼柳，中火煎鱼，煎至一面变白时，翻至另一面继续煎。

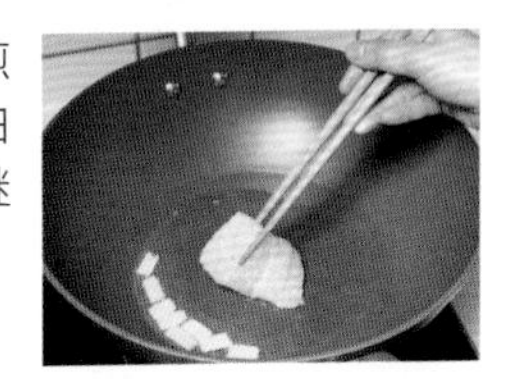

5 在锅中烹入白葡萄酒，煎至两面都略有一些焦黄色时，撒上另一半黑胡椒粉即可出锅。

6 和沥水后的芦笋一起放入餐盒中，吃之前挤入几滴柠檬汁。

制作炒饭

7 冻蔬菜丁解冻；圆白菜洗净，切碎。

☑使用方便食材

8 

锅烧热，倒入1汤匙玉米油，放入圆白菜及蔬菜丁一起中火翻炒。

9 

炒至圆白菜变软，放入米饭。

10 

大火炒1分钟左右，加1/2茶匙盐炒匀后出锅，放入餐盒。

馒头炒着吃

蛋煎馒头丁＋西蓝花胡萝卜炒蘑菇

时间 20分钟

难度 低

总热量 536千卡

主料 馒头100克｜鸡蛋2个
西蓝花60克｜胡萝卜60克
口蘑40克

辅料 食用油1汤匙｜盐1茶匙
黑胡椒粉1/2茶匙

做法

准备

1 过夜的干馒头切丁；鸡蛋磕入碗中，加1/2茶匙盐，搅匀；西蓝花洗净，掰小朵；胡萝卜、口蘑洗净，切薄片。

煎制馒头丁

2 将馒头丁裹上蛋液，平底锅烧至六成热，倒入1/2汤匙油，铺满锅底，下馒头丁。

3 中小火煎炒馒头丁，至表面金黄后起锅。

炒制蔬菜

4 炒锅烧至六成热，倒入1/2汤匙油，下胡萝卜、口蘑，中小火翻炒。

5 炒5分钟左右，倒入西蓝花，再翻炒2分钟，加盐、黑胡椒粉炒匀，起锅。

组合

6 将蛋煎馒头丁和西蓝花胡萝卜炒蘑菇分装入餐盒即可。

烹饪秘籍

① 煎炒馒头丁要选用过夜的冷馒头，不要用刚出锅的热乎乎的馒头。

② 胡萝卜和口蘑切得小而薄，较易炒熟。

花卷煎着吃

生煎小葱花卷＋培根金针菇卷

时间 30分钟 | 难度 低 | 总热量 725千卡

主料 小葱花卷200克｜培根100克｜金针菇200克

辅料 食用油1汤匙｜黑芝麻适量

做法

煎花卷

使用现成食材

1. 平底锅烧至五成热，抹上薄薄一层油，放入小葱花卷，开中火煎3分钟。

2. 煎至花卷底部微焦黄，顺着锅边倒入约200毫升水，盖上锅盖，继续中小火慢煎。

3. 等锅里发出“吡吡”声，水收干后，花卷底部焦黄，撒上黑芝麻即可出锅。

制作金针菇卷

4. 金针菇洗净后切去老根，切两半，取一片培根包裹住金针菇，用牙签固定。

5. 平底锅烧至五成热，抹上一层油，放入培根金针菇卷。

6. 中小火煎至培根出油，两面金黄后，即可出锅。

烹饪秘籍

生煎的小葱花卷一定要够小，不然要很长时间才能煎熟。

金黄香脆

快手煎饺＋芦笋虾仁

时间
30分钟

难度
低

总热量
612千卡

饺子煎得底部金黄香脆有什么秘诀？秘诀就是：多试试！要说脆脆的煎饺底部有多好吃？你拿西瓜中间那一口我都不换！

主料 速冻饺子200克｜芦笋100克
鲜虾100克

辅料 食用油1汤匙｜熟黑芝麻适量
葱花10克｜盐1/2茶匙
料酒1汤匙

烹饪秘籍

① 煎饺的时间要根据饺子的大小和馅料的不同灵活掌握。

② 没有鲜虾也可以选用虾仁，如果是冷冻虾仁，需要先解冻。

做法

制作煎饺

使用方便食材

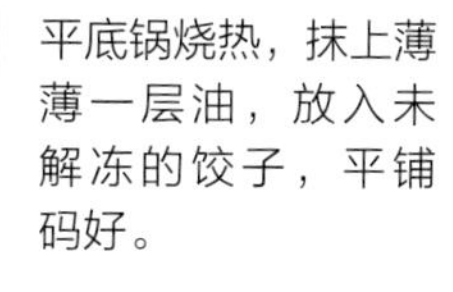

1 平底锅烧热，抹上薄薄一层油，放入未解冻的饺子，平铺码好。

2 中火煎，至饺子底部焦黄，倒入约200毫升水，水量没过饺子1/3，盖上锅盖。

3 煎七八分钟，至水快收干时，撒上葱花、黑芝麻。

4 大火把水收干，煎饺即可起锅。

制作芦笋虾仁

5 芦笋洗净，去老根，切段；鲜虾去虾线，剥出虾仁，加料酒略腌5分钟。

6 炒锅烧热，放剩下的油，烧至六成热后，倒入虾仁，煎炒至虾仁变色。

7 下芦笋，炒20秒左右，加盐起锅，和煎饺一起放入餐盒即可。

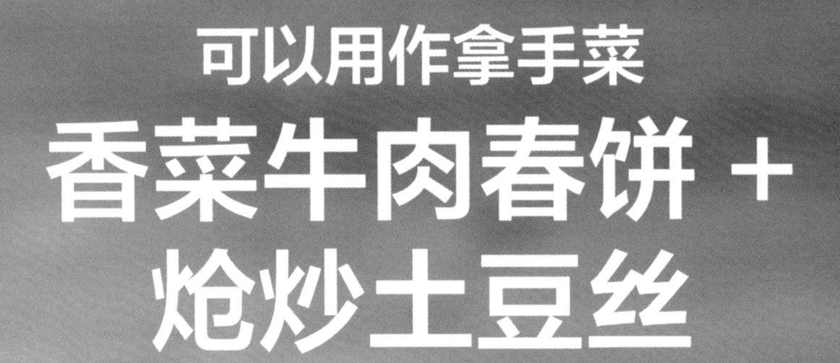

可以用作拿手菜

香菜牛肉春饼＋炝炒土豆丝

时间 65分钟

难度 低

总热量 862千卡

爆炒出来的香菜牛肉丝香气迷人，用春饼卷着吃更是滋味十足。而土豆丝的脆爽则无人不爱。食欲不好的时候，用这道套餐做午餐，绝对会让你胃口大开。

主餐:

主料 香菜80克 | 牛肉200克 | ☑春饼200克
干辣椒5克

辅料 油20毫升 | 料酒1汤匙 | 盐1/2茶匙
酱油1汤匙 | 淀粉5克

配餐:

主料 土豆150克 | 干辣椒5克 | 香菜5克

辅料 油20毫升 | 葱5克 | 蒜2瓣 | 盐1/2茶匙
鸡精1/2茶匙

烹饪秘籍

① 在腌制牛肉丝时，加入淀粉可以让牛肉更鲜嫩。

② 土豆丝很容易氧化，切细丝后浸泡在冷水中去掉淀粉，吃起来才会清脆爽口。

做法

主餐准备

1 将牛肉洗净后切成细丝。

2 加入料酒、盐、酱油、淀粉后，腌制20分钟。

3 将香菜去根后洗净，切小段；干辣椒切碎，备用。

制作香菜牛肉

4 净锅热油，倒入辣椒碎爆炒，爆香后倒入腌制好的牛肉丝，大火爆炒。

5 放香菜，翻炒均匀后加盐调味，关火出锅。

卷饼

6 取春饼，把炒好的香菜牛肉卷进去包好就可以啦。

☑使用方便食材

配餐准备

7 将土豆去皮后切细丝，放入冷水中浸泡20分钟，捞出沥干。

8 将葱、蒜切碎末，干辣椒切丝，香菜洗净后切碎段，备用。

炒制土豆丝

9 净锅热油，放葱蒜炝锅，爆香后倒入土豆丝翻炒。

10 等土豆丝七成熟后，倒入香菜和干辣椒丝翻炒均匀，加盐和鸡精调味后，即可出锅。

家常美味惹人爱

蛋炒饭 + 牛丸白菜汤

时间 35分钟

难度 低

总热量 615千卡

无论蛋炒饭还是牛丸白菜汤，这款家常套餐总是会让人想念。蛋炒饭吃起来喷香松软，配上鲜美的牛丸汤，更是滋味十足，当作午饭最合适不过了。

主餐：

主料 ☑隔夜饭200克｜鸡蛋1个（约50克）｜胡萝卜40克｜黄瓜40克

辅料 油30毫升｜葱花5克｜盐1/2茶匙

配餐：

主料 白菜300克｜☑速冻牛肉丸200克

辅料 葱花3克｜姜丝3克｜蒜粒3克｜盐1/2茶匙

烹饪秘籍

做蛋炒饭时，最好使用冷藏过的隔夜米饭，这样蛋液才会完美包裹米粒，炒出来的成品也会粒粒分明，干爽不黏腻，但也要注意不要太硬。

做法

主餐准备

1 将胡萝卜和黄瓜洗净，削皮，切成米粒大的小碎丁。

2 鸡蛋打入碗中，加点盐，然后快速打散打匀，静置备用。

制作蛋炒饭

3 热锅倒入15毫升油，油温热后，迅速倒入打好的鸡蛋液，用筷子滑散，炒成鸡蛋碎盛出。

☑使用现成食材

4 锅内再次放油，倒入葱花爆香，加米饭快速翻炒，完全炒散后，倒入鸡蛋碎。

5 倒入胡萝卜丁和黄瓜丁，继续不停翻炒。

6 加盐调味，关火，出锅即可。

配餐准备

☑使用方便食材

7 将白菜去根洗净后，取叶子部分切片，将牛肉丸放温水中化冻，洗净备用。

制作白菜汤

8 净锅加水，放入葱、姜、蒜，大火煮开后，将洗好的牛肉丸下锅。

9 转中火，至牛肉丸稍微膨胀后，倒入切好的白菜。

10 转大火煮至白菜熟透，加盐调味后关火出锅。

有肉有菜饭更香

肉丝白菜炒饭 + 拌黄瓜

时间 25分钟

难度 低

总热量 496千卡

肉丝白菜炒饭因着圆白菜的清脆，口感清爽不油腻，搭配经典的凉拌黄瓜，营养更美味，而且操作简单不复杂，特别适合作为工作日的午餐便当。

主餐：

主料 ☑隔夜饭200克 | 圆白菜150克 | 猪五花肉60克

辅料 油20毫升 | 葱4克 | 盐1/2茶匙 | 料酒1汤匙 | 生抽1汤匙

配餐：

主料 黄瓜120克 | 红辣椒10克

辅料 生抽1汤匙 | 蒜4瓣 | 盐1/2茶匙 | 香油1茶匙 | 味精2克

烹饪秘籍

圆白菜的质地坚硬，口感清脆，很适合炒饭。也可以用大白菜代替，不过要注意火候，不要炒得过火，影响口感。

做法

主餐准备

1 将圆白菜洗净，切成小碎块；葱切碎末，备用。

2 将五花肉洗净，切成长度适中的肉丝。

炒制米饭

3 净锅上火，倒油，放入葱花爆香后放肉丝。

4 倒入料酒，翻炒均匀后倒入生抽，肉着色后，倒圆白菜继续翻炒。

5 倒入米饭继续翻炒，至米饭吸汁上色后加盐调味，翻炒均匀即可出锅。

☑使用现成食材

配餐准备

6 将黄瓜洗净后去蒂，用刀背拍出裂纹，斜切成菱形块，放入盘中备用。

7 蒜瓣去皮，加盐捣成泥，倒入生抽和味精，调制均匀。

8 将红辣椒洗净，切成小圈备用。

拌匀

9 将调制好蒜泥倒入盘中，与黄瓜块充分搅拌后淋入香油，加辣椒圈拌匀即可。

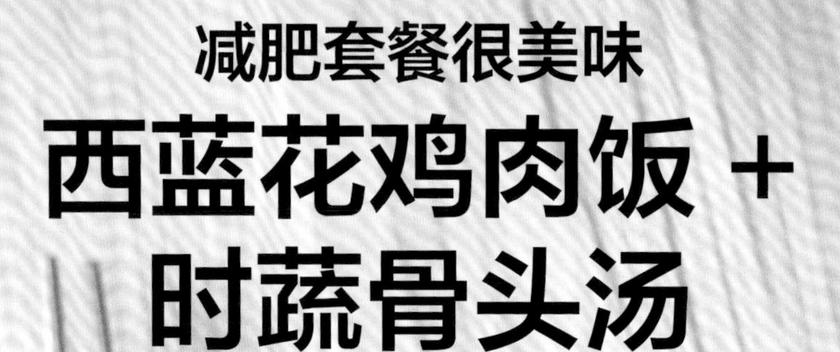

减肥套餐很美味

西蓝花鸡肉饭 + 时蔬骨头汤

西蓝花的清香，加上鸡胸肉的软嫩，配上香喷喷的米饭，再来碗浓鲜的时蔬骨头汤，低脂又营养的美味套餐满足你挑剔的味蕾，让你舒舒服服放开吃。

主餐：

主料 大米50克 | 西蓝花100克 | 胡萝卜40克 | 鸡胸肉50克

辅料 油20毫升 | 盐1/2茶匙 | 料酒1汤匙 | 老抽1茶匙 | 生抽1茶匙

配餐：

主料 猪骨头200克 | 青菜段150克

辅料 葱花5克 | 姜丝4克 | 盐1/2茶匙 | 鸡精1/2茶匙 | 料酒1汤匙

烹饪秘籍

炖排骨汤时，一定要提前将骨头浸泡，并在煮沸后撇除浮沫，这样会去掉骨头中的杂质和血水，保证骨头汤更鲜美。

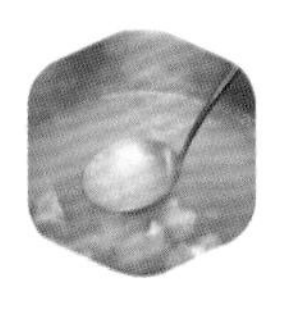

做法

主餐准备

1 将西蓝花洗净，掰成小朵；胡萝卜洗净后去皮，切成小细块，备用。

2 净锅煮水，水开后焯西蓝花和胡萝卜块，1分钟后捞出，沥干。

3 将大米淘洗干净后用冷水浸泡10分钟；鸡胸肉切丁，倒料酒，腌制5分钟去腥。

制作鸡肉饭

4 热锅冷油，油热后倒入腌制好的鸡胸肉，加100毫升温水，倒入生抽、老抽。

5 翻炒至肉色变白后，倒焯好的西蓝花和胡萝卜块，炖2分钟加盐调味，带汤汁盛出。

使用方便锅具

6 将米倒入电饭煲中，加200毫升冷水，倒入炖好的西蓝花鸡胸肉，按下煮饭键，20分钟后即可。

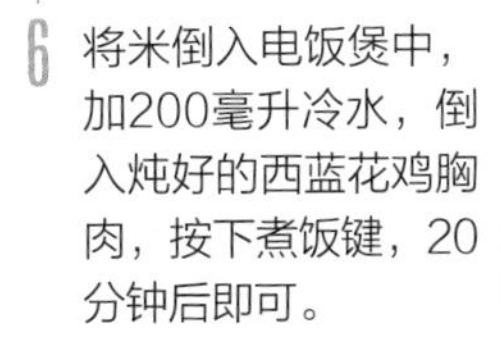

配餐准备

7 将猪骨头剁成大小适中的块，放入清水中浸泡20分钟。

8 净锅冷水，倒入浸泡好的猪骨头，加料酒去腥，大火煮开后捞出，过冷水冲洗后沥干。

制作骨头汤

9 再次起锅，放600毫升冷水，倒入焯好的骨头块、葱、姜，大火熬煮。

10 煮开后转小火再熬煮40分钟左右，倒入青菜，搅拌一下后加盐和鸡精调味，即可出锅。

浓香辛辣最解馋

咖喱鸡肉饭＋鲜菇鸡蛋汤

时间
65分钟

难度
低

总热量
744千卡

这道散发着浓郁咖喱风味的套餐，香嫩中带有一丝辛辣，搭配清爽的鲜菇鸡蛋汤，更是美妙绝伦。解馋的同时还清口怡人。

主餐：

主料 米饭200克 | 鸡胸肉200克 | 胡萝卜40克 | 土豆50克 | 洋葱30克

辅料 油20毫升 | 咖喱块15克 | 盐1/2茶匙 | 料酒2汤匙 | 鸡精1/2茶匙

配餐：

主料 鸡蛋2个（约100克） | 蘑菇250克

辅料 油20毫升 | 葱花5克 | 盐1/2茶匙 | 鸡精1/2茶匙

做法

主餐准备

1 将鸡胸肉洗净后切小细丁，加料酒腌制10分钟。

2 将土豆和胡萝卜洗净、去皮，切成细丁；将洋葱切成碎块，备用。

制作咖喱浇头

3 热锅冷油，油温后，加咖喱块，放入洋葱翻炒。

4 加入土豆、胡萝卜丁，翻炒一会儿，倒入鸡肉丁，加入200毫升温水。

5 大火烧开后转小火焖煮，直到完全熟透、汤汁浓郁为止。

烹饪秘籍

① 咖喱块的味道已经足够，所以就无须添加别的配料了。

② 在烧鲜菇汤时，将蘑菇焯一下再下锅，能够去除异味，让口味更纯正。

混合

6 加盐和鸡精调味，关火，倒入米饭中即可。

配餐准备

7 将蘑菇择好后洗净，分成竖条，过沸水焯1分钟，捞出沥干备用。

8 取小碗，将鸡蛋磕入，打散搅匀。

制作鸡蛋汤

9 热锅冷油，加葱花炝锅后倒入蘑菇，翻炒一会儿，加250毫升温水。

10 大火煮开，均匀倒入蛋液，打成蛋花，加盐和鸡精调味，即可出锅。

在家品尝宝岛特色

台湾卤肉饭 + 卤鸡蛋

时间 70分钟

难度 低

总热量 1040千卡

这是一道极具台湾特色的套餐便当。浓郁的酱肉汁给予了米饭别样的风味，咸而带甜，肥而不腻，搭配西蓝花和胡萝卜，清口更健康。

主餐：

主料 猪五花肉200克 | 米饭200克
西蓝花50克 | 胡萝卜40克

辅料 油30毫升 | 葱花10克 | 姜丝5克 | 蒜粒5克
盐1/2茶匙 | 生抽1汤匙 | 八角3克 | 白糖2汤匙
老抽1茶匙 | 料酒2汤匙 | 十三香1茶匙

配餐：

主料 鸡蛋4个（约200克）
干辣椒段3克 | ☑ 卤肉汤汁200毫升

做法

主餐准备

1 将猪五花肉洗净后切成细碎丁，加料酒、部分生抽腌制20分钟。

2 将西蓝花、胡萝卜洗净，西蓝花分成小朵，胡萝卜去皮、切块。

制作卤肉

3 热锅冷油，用姜蒜炝锅，倒入五花肉翻炒，加生抽、老抽、白糖、十三香、八角和200毫升温水，大火焖煮。

4 另起锅煮水，加盐，水开后倒入西蓝花和胡萝卜块，焯熟后捞出，沥干备用。

混合

5 待猪五花肉熬煮至汤汁浓稠后关火，倒入米饭中，码上焯熟的西蓝花和胡萝卜块即可。

烹饪秘籍

如果时间紧张，卤鸡蛋和卤猪肉可一起进行，只需在卤肉前提前将鸡蛋煮熟，剥去蛋壳就行。

配餐准备

6 将鸡蛋洗净后放入锅中，倒入300毫升冷水，煮15分钟后捞出过冷水，剥壳后用小刀轻划两下。

制作卤蛋

☑ 使用现成卤肉汁

7 将鸡蛋放入锅中，倒入卤肉后的汤汁，加入干辣椒和适量水，没过鸡蛋即可。

组合

8 大火煮开后，转中小火继续熬煮，20分钟关火捞出，切两半后与卤肉饭一起装盒即可。

广式佳肴吃不厌

腊肠煲仔饭+冬瓜汤

时间 75分钟

难度 低

总热量 1246千卡

广州美食甲天下，这道套餐绝对是粤菜美味的经典，色香味俱全。最让人过瘾的是，其浓郁的汤汁能够渗透到米饭里，软糯咸香，尝过就再也难以忘怀。

主餐：

主料 大米150克｜腊肠100克｜油菜100克
鲜香菇100克｜鸡蛋1个（约40克）

辅料 油10毫升｜葱花3克｜姜丝3片｜蒜粒3克｜盐1/2茶匙
生抽1汤匙｜蚝油1汤匙｜老抽1/2汤匙｜白糖1汤匙
香油1茶匙

配餐：

主料 冬瓜200克｜葱花10克

辅料 油20毫升｜姜丝4克｜盐1/2茶匙｜鸡精1茶匙

烹饪秘籍

做腊肠煲仔饭时，一定要用广式腊肠，其滋味正宗、香甜可口，而且焖煮之后更加鲜亮，让人看到即食欲大增。

做法

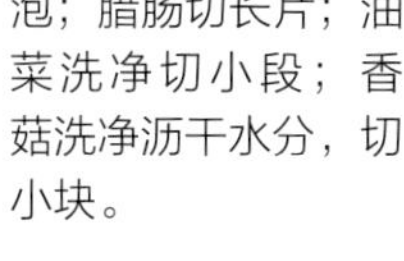

主餐准备

1 将大米淘洗净后浸泡；腊肠切长片；油菜洗净切小段；香菇洗净沥干水分，切小块。

2 取小碗，加生抽、老抽、蚝油、盐、白糖和香油，搅拌均匀，调成酱汁。

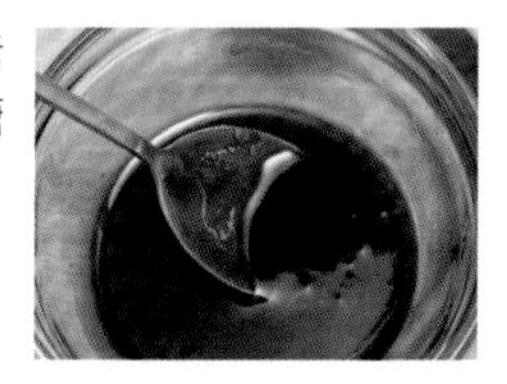

制作煲仔饭

3 将浸泡后的大米倒入砂煲里面，倒入200毫升清水，滴入油，大火煮开。

4 转小火熬煮至米汤收干，放入姜丝，码上腊肠、油菜、香菇。

5 在空余的地方打上鸡蛋，盖上盖子，继续焖煮。

6 20分钟后，放入葱花和蒜末，倒入调好的酱汁，关火闷3分钟，搅拌均匀即可。

配餐准备

7 将冬瓜去皮后，切成大小适中的方形厚片。

制作冬瓜汤

8 热锅冷油，放入姜丝炝锅，倒入冬瓜片翻炒一会儿。

9 倒入200毫升温水，大火煮开，加葱花、盐和鸡精调味后，即可盛出。

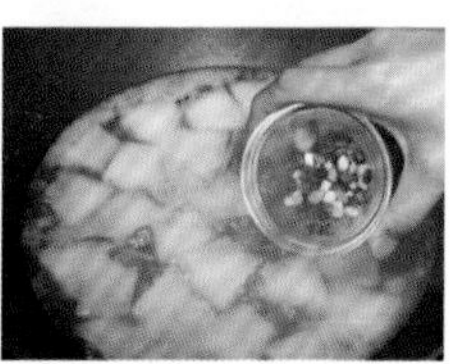

餐桌上的营养师

香菇鳕鱼茄汁饭＋煎芦笋

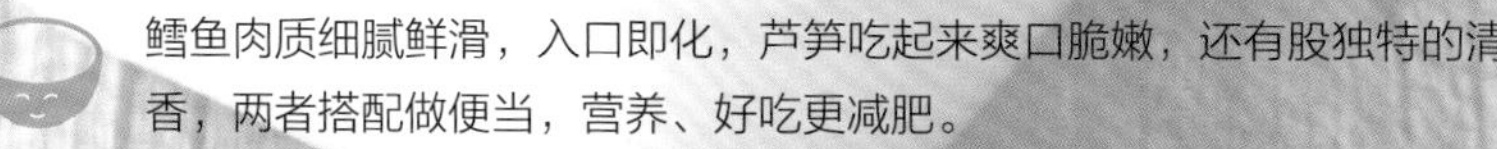

鳕鱼肉质细腻鲜滑，入口即化，芦笋吃起来爽口脆嫩，还有股独特的清香，两者搭配做便当，营养、好吃更减肥。

主餐：

主料 米饭200克 | 鳕鱼300克 | 鲜香菇20克
胡萝卜40克

辅料 油30毫升 | 盐1/2茶匙 | 料酒1汤匙
番茄酱2汤匙 | 葱花5克 | 鸡精1/2茶匙

配餐：

主料 芦笋200克

辅料 油30毫升 | 胡椒粉1/2茶匙 | 盐1茶匙

做法

1

将鳕鱼解冻后，用厨房纸擦干水分，切成小块。

2

鳕鱼中加料酒和盐，腌制10分钟左右。

3

将鲜香菇洗净，切成细丁；胡萝卜洗净，去皮、切细丁。

4

取锅煮水，水开后倒入香菇丁和胡萝卜丁，焯熟捞出。

5

平底锅倒油，小火烧至温热后，放葱花炝锅。

6

倒入切好的鳕鱼煸炒，放番茄酱，倒入香菇丁和胡萝卜丁，加50毫升温水熬煮一会儿。

组合米饭

7

加盐和鸡精调味后盛出，与米饭一起装入便当盒中即可。

配餐准备

8

将芦笋洗净后去除老根。

9

净锅煮水，加盐，水开后焯芦笋，1分钟后捞出沥干。

煎制芦笋

10

平底锅内倒油，小火烧至温热后，放入焯好的芦笋。

11

芦笋煎炒一会儿后，放入盐、胡椒粉，拌匀即可出锅啦。

烹饪秘籍

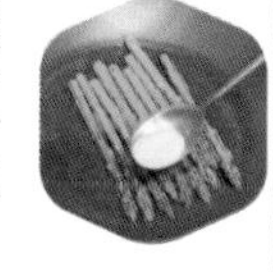

① 在煎鳕鱼的时候不要过早翻面，可以事先扑上点淀粉防止煎碎。

② 芦笋焯水时加点盐，可以保持青绿的色泽，更鲜亮。

沁人心脾的鲜滋味

日式鳗鱼饭+豆芽虾皮冬瓜汤

时间 85分钟

难度 低

总热量 840千卡

鳗鱼饭看上去就让人充满食欲。酱汁甜香浓郁，加上五颜六色的配菜，更是让人心情美美的。再喝一口清爽鲜美的豆芽虾皮冬瓜汤，这顿午餐保证让你吃得心满意足。

主餐：

主料 鳗鱼200克 | 米饭200克 | 胡萝卜40克 | 鲜香菇20克 | 豌豆20克 | 玉米粒20克 | 熟白芝麻5克

辅料 油30毫升 | 盐1/2茶匙 | 料酒2汤匙 | 生抽2汤匙 | 白糖2茶匙 | 蚝油2汤匙

配餐：

主料 豆芽150克 | 虾皮15克 | 冬瓜200克

辅料 油20毫升 | 盐1/2茶匙 | 鸡精1/2茶匙 | 葱2克 | 姜2克

做法

1

将鳗鱼洗净，切成长度适中的小段，加料酒和部分生抽腌制30分钟。

2

将胡萝卜洗净、去皮，切细丁；鲜香菇浸泡、洗净后，切成细丁。

3

净锅煮水，水开后依次倒入豌豆、玉米粒、胡萝卜丁、香菇丁，焯熟后捞出，备用。

4

取小锅，倒入生抽、白糖、盐和蚝油，小火熬煮至酱汁黏稠后关火。

5

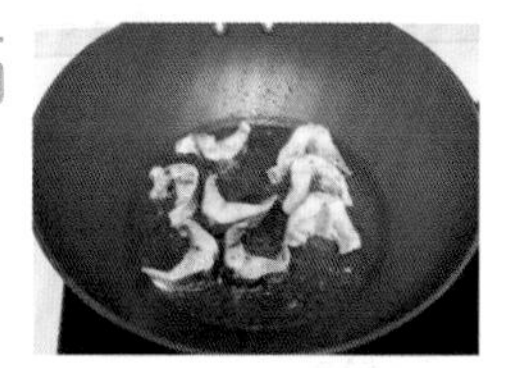

热锅冷油，煎鳗鱼，至双面金黄后盛出备用。

烹饪秘籍

也可以直接买半成品鳗鱼，只需放在烤箱里烘烤2分钟就可以。如果是自己煎烤，可以提前插一根竹签，这样能防止鳗鱼在烘烤过程中卷曲、熟度不均匀。

6

将白芝麻撒在煎好的鳗鱼上，然后放在米饭上，码上豌豆、玉米粒、胡萝卜丁、香菇丁。

7

将煮好的酱汁均匀淋在米饭上即可。

配餐准备 → 制作冬瓜汤

8

将豆芽洗净后捞出备用。冬瓜去皮，切成细薄片，备用。

9

热锅冷油，油温后，加葱、姜炝锅，倒入豆芽翻炒，加250毫升温水。

10

加虾皮、冬瓜，大火煮开，加盐和鸡精调味，即可关火出锅啦！

滋味满满

土豆菠菜糙米饭团

时间 20分钟

难度 低

总热量 455千卡

吃腻了传统的米饭，没时间做复杂的晚餐？那不妨来试试这款有菜有米的饭团吧！菠菜搭配糙米，满满的营养感，再加上土豆增加口感，每一口都是丰富的味蕾体验。

主料　大米100克｜土豆100克｜菠菜100克
寿司海苔1/2张（约10克）

辅料　香油1茶匙｜盐1/2茶匙｜白芝麻适量

烹饪秘籍

如果不喜欢菠菜，也可以用其他的绿叶菜代替，如生菜、油菜等，按自己的口味选择即可。

做法

煮米饭

1 大米淘洗干净，浸泡15分钟。

使用方便锅具

2 将泡好的大米放入电饭煲中，加煮饭量的水，按下煮饭键煮熟。

制作土豆泥

使用方便小厨电

3 土豆去皮、切片，盖上一层保鲜膜，放入微波炉大火加热5分钟。

4 将加热好的土豆片压成土豆泥。

制作菠菜

5 菠菜洗净、去根。

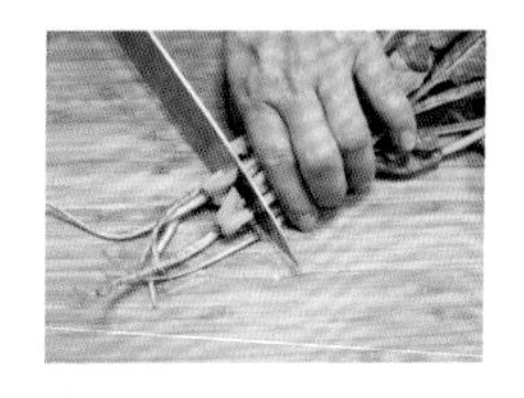

6 锅中烧开水，放入菠菜烫30秒，捞出，控干水分后切碎。

制作饭团

7 将米饭、土豆泥、菠菜、香油和盐搅拌均匀。

8 捏成饭团，包上一层寿司海苔，撒上白芝麻即可。

美好时光我知道

海苔肉松饭团

时间 10分钟

难度 低

总热量 422千卡

主料 海苔5克 | 米饭200克 | 肉松60克

辅料 盐1/2茶匙 | 白芝麻5克 | 寿司醋1汤匙

烹饪秘籍

攒饭团时，适当蘸点水是为了更好地将饭团攒成球状，也方便饭团滚上更多的海苔碎和芝麻。

做法

准备米饭

使用现成食材

1 将寿司醋、盐加入米饭中，搅拌均匀。

准备海苔肉松

2 将海苔撕碎放入盘中。

使用方便小厨电

3 将白芝麻放入微波炉中，高火加热1分钟后取出，倒入海苔碎中。

制作饭团

4 取一次性手套，蘸点水，取米饭，夹上肉松，攒成球状。

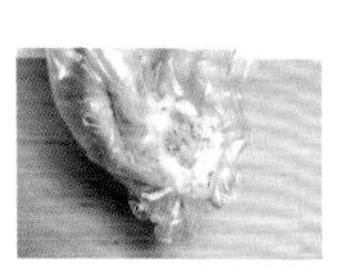

5 将米饭圆球在海苔盘中滚一圈就可以啦。

清清爽爽香入口

西蓝花培根饭团

时间 20分钟 | 难度 低 | 总热量 319千卡

主料 西蓝花100克 | 培根20克 | ☑米饭200克 | 胡萝卜40克

辅料 油20毫升 | 盐1/2茶匙 | 香油3毫升

做法

准备

1 将西蓝花掰成小朵，放入淡盐水中浸泡一会儿。

2 将培根切成碎丁；胡萝卜洗净，切成碎丁备用。

制作菜料

3 净锅煮水，水开后倒入西蓝花，焯2分钟左右，捞出备用。

4 热锅冷油，烧至温热后倒入培根丁和胡萝卜丁翻炒，加盐调味后盛出。

☑使用现成食材

5 将焯熟的西蓝花剁碎成泥，倒入米饭，淋入香油，搅拌均匀。

制作饭团

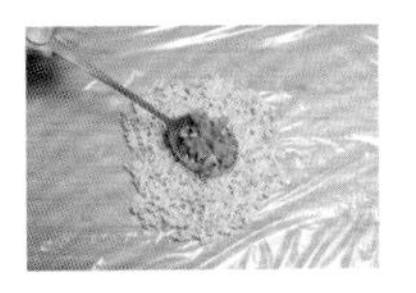

6 取保鲜膜平铺，用勺依次舀入适量的西蓝花米饭、炒熟的培根胡萝卜丁。

7 最后再用手攒成球状的饭团就可以啦。

烹饪秘籍

将西蓝花提前放入淡盐水中浸泡一会儿，可以保持其鲜亮的色泽，还可以清洗出其中看不见的菜虫或杂质，更加卫生。

从此爱上吃饭团

糙米山药饭团

时间 30分钟（不含糙米浸泡时间）

难度 低

总热量 349千卡

主料 糙米80克 | 铁棍山药40克 | 海苔5克 | 黄瓜40克 | 香肠20克

辅料 盐1/2茶匙 | 香油1茶匙

做法

准备

1 糙米淘洗干净，提前浸泡1晚。

2 铁棍山药去皮，洗净后切成大小适中的方块。

制作米饭

使用方便锅具

3 将糙米和山药块一起放入电饭煲中，加入200毫升水，按下煮饭键煮熟。

混合材料

4 将黄瓜洗净后切碎丁，香肠切碎丁，海苔撕碎，备用。

5 将煮熟的糙米饭和山药块搅拌均匀，倒入黄瓜丁、香肠丁、碎海苔，搅匀。

6 加盐和香油调味，再次搅匀后放置一会儿。

制作饭团

7 等米饭变温后，取一次性手套，用手攒成饭团即可。

烹饪秘籍

① 糙米要提前浸泡一晚，这样比较容易煮熟，口感也会更软糯。

② 黄瓜和香肠一定要切成碎丁使用，而且不要放太多，否则不容易成形。

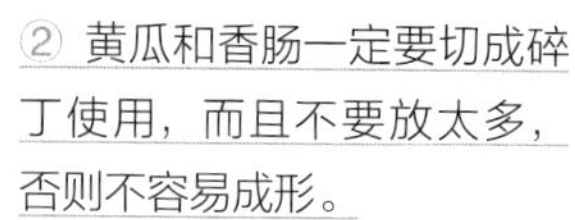

当饭团遇上便当

肉罐头生菜饭团

用饭团做便当，简直不要太方便。不但很好携带，做起来也不花时间，吃起来更加美味。自此，家中的剩饭就无须浪费啦。

主料 猪肉罐头100克 | 生菜50克
米饭200克

辅料 酱油1汤匙 | 芝麻5克

烹饪秘籍

① 米饭中加点酱油不但能够调味，还能增加黏性，使其更好地包裹馅料。

② 如果喜欢酸口的，也可以把酱油换成寿司醋。

做法

准备

1 将生菜洗净，按片剥开后备用。

调味

使用现成食材

2 将酱油倒入米饭中，搅拌均匀。

包饭团

使用方便食材

3 取一次性手套，将保鲜膜铺在底下，依次放生菜、猪肉罐头、米饭后，撒上芝麻。

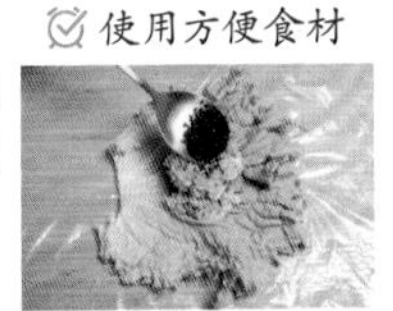

4 然后将保鲜膜四周折起，向中间包裹，包紧后，取刀切半就可以啦！

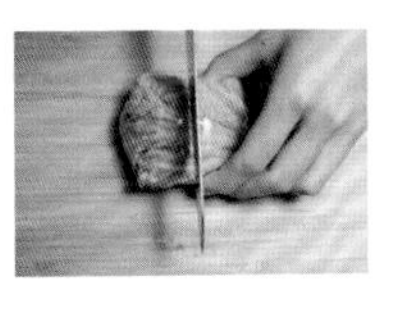

清脆爽口

黄瓜鸡蛋三明治

时间 10分钟　难度 低　总热量 288千卡

传统的英式餐点里，这款黄瓜三明治经常出现。清爽脆嫩的黄瓜配上营养的鸡蛋，最适合因炎热而没有胃口的夏季来食用。

主料 切片吐司2片 | 黄瓜20克 | 鸡蛋1个

辅料 黄油10克 | 盐1/4茶匙 | 食用油适量

烹饪秘籍

① 美味的面包是早餐的方便之选，而多士炉就是不可或缺的省时工具之一。

② 鸡蛋可炒碎、也可煎成全熟蛋，夹在切片吐司中，按照个人喜好就可以。

做法

准备

1 黄瓜洗净，对半切开。

2 用削皮刀，将黄瓜削成薄片。

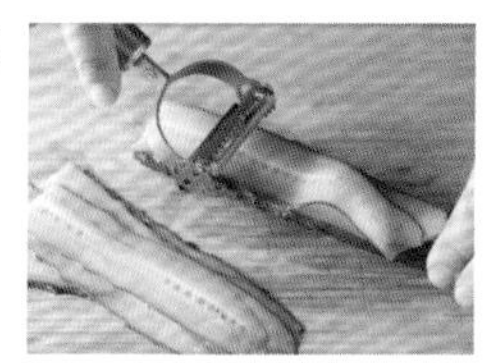

制作蛋皮

3 鸡蛋打入碗中，加入盐搅拌均匀。

4 平底锅放油，倒入蛋液，摊成蛋饼。

组合

使用方便小厨电

5 吐司放入多士炉，烤脆。

6 烤好的切片吐司在一面抹上黄油。

7 取一片吐司，依次放上黄瓜片和蛋饼。

8 盖上另一片吐司，对半切开即可。

一边吃饱，一边瘦

瘦身炒饭

时间 20分钟 | 难度 低 | 总热量 335千卡

主料 魔芋米50克 | 糙米50克 | 鸡蛋1个 | 鸡胸肉50克 | 圣女果30克 | 黄瓜30克

辅料 食用油2茶匙 | 盐1/2茶匙 | 白胡椒粉1/2茶匙

做法

准备

使用方便锅具

1 糙米淘洗干净后放入电饭煲，加水至高出糙米2厘米，煮约20分钟成糙米饭。

2 鸡胸肉洗净，切成1厘米大小的鸡丁；鸡蛋磕入碗中打散；黄瓜洗净、切丁；圣女果洗净、切两半。

制作米饭

3 煮饭程序结束后，放入魔芋米，继续闷3分钟后，盛出备用。

炒制

4 炒锅烧热后放一半的油，倒入蛋液，煎至半凝固后，用铲子铲碎，盛出备用。

5 炒锅放另一半油，下鸡丁翻炒，炒至鸡丁变色，呈微焦黄。

组合

6 下入黄瓜丁、鸡蛋和米饭，加盐、白胡椒粉翻炒均匀，起锅后放入餐盒，边上点缀圣女果即可。

烹饪秘籍

鸡丁需要切得很小，方便快速炒熟。

活色生香

尖椒牛柳饭

时间 30分钟 | 难度 低 | 总热量 386千卡

主料 牛里脊肉150克 | 青尖椒100克 | 洋葱50克 | 米饭1碗（约150克）

辅料 食用油1汤匙 | 生抽1汤匙 | 老抽1茶匙 | 料酒2汤匙 | 姜10克 | 蒜10克 | 盐1/2茶匙 | 淀粉1茶匙

做法

腌制准备

1 牛里脊洗净后切成细长的牛柳；青尖椒去蒂、去子，对半切开；洋葱切块；姜、蒜切薄片。

2 将牛柳用1汤匙料酒和淀粉抓匀，腌制10分钟。

制作牛柳

3 锅烧热，放油，烧至七成热，下牛柳。

4 烹入1汤匙料酒，大火翻炒至变色，捞起备用。

5 锅留底油，放入姜、蒜爆香，再下入洋葱、青尖椒翻炒。

6 至炒出香味后，再将牛柳倒回锅中。

调味组合

7 倒入生抽、老抽、盐，大火翻炒均匀，起锅盖在米饭上即可。

尖椒牛柳是那种很容易成为"爆款"的菜，香气十足，让人食指大动。牛柳滑嫩，尖椒青翠，吃这个菜的时候，米饭一定要配足。

烹饪秘籍

牛柳要全程旺火快炒，才会香气四溢，有"镬气"。

可口招牌便当

肥牛饭

时间 30分钟

难度 低

总热量 670千卡

很喜欢日式快餐店的招牌牛肉饭，想不到自己做更美味，而且特别幸福。对我而言，幸福有两个瞬间：一是肥牛在锅里咕嘟咕嘟煮的时候，另外一个是打开便当盒的时候。

主料 米饭1碗（约150克）| ☑肥牛片200克 | 洋葱50克 | 胡萝卜50克 | 西蓝花50克 | 鲜香菇4朵

辅料 姜10克 | 食用油1汤匙 | 料酒1汤匙 | 生抽1汤匙 | 蚝油1汤匙 | 白糖1茶匙 | 盐1/2茶匙

烹饪秘籍

① 洋葱炒软一点让甜味出来更好吃。

② 汤汁不要全部煮干，留一点拌米饭。

做法

准备

1 将料酒、生抽、蚝油、白糖、盐混合，加入3汤匙水，搅拌成酱汁。

2 西蓝花掰成均匀的小朵；洋葱切丝；胡萝卜去皮、切片；姜切片；鲜香菇撕成条。

焯烫

3 锅中烧水至沸，放入西蓝花、胡萝卜，焯烫30秒后捞出控水备用。

☑使用方便食材

4 放入肥牛片焯烫至变白，捞出控水备用。

制作肥牛

5 重新起锅烧热，至七成热时，倒入食用油，放入姜片、洋葱丝、香菇翻炒至出香味。

6 放入肥牛片，倒入酱汁，中火煮3分钟。

组合

7 至汤汁变浓稠后起锅，放凉后，和米饭一起放入餐盒。

8 再摆上焯熟的西蓝花和胡萝卜即可。

胡萝卜比牛腩还好吃

胡萝卜牛腩杂粮饭

时间 40分钟　难度 低　总热量 1107千卡

这道胡萝卜牛腩，煮好的时候那叫一个香气四溢，最怕的就是等不及放入餐盒，就会忍不住吃掉一半！另外，它特别适合作为便当的一个原因是，再次加热后更入味、更香了。

主料 牛腩250克 | 胡萝卜100克
洋葱50克 | 西蓝花50克
大米、小米、糙米混合的杂粮米60克

辅料 姜10克 | 食用油1汤匙 | 料酒2汤匙
生抽1汤匙 | 老抽1汤匙 | 豆瓣酱2汤匙
冰糖10克 | 干辣椒5克

做法

准备

1

牛腩洗净后切大块，胡萝卜切滚刀块，洋葱切厚片，西蓝花切小朵，姜切薄片。

烹饪秘籍

① 牛腩要在沸水中烫去血沫才能去腥。
② 豆瓣酱、老抽、生抽都带咸味，不必再加盐。

焯烫

2

将约1升水烧沸后，放入2片姜片和1汤匙料酒，下牛腩大火焯烫。

3

水再次沸腾后，捞起牛腩，冲洗干净表面的浮沫备用。

制作牛腩

4

锅烧热，放油，放入剩下的姜片、干辣椒爆香，倒入牛腩。

5

加1汤匙料酒、生抽、老抽、豆瓣酱，大火翻炒牛腩。

6

至牛腩呈现酱色，表面收缩，加冰糖，倒入适量热水，水量基本与牛腩持平，下胡萝卜块、洋葱，大火炖牛腩。

组合

7

西蓝花焯熟后捞起；把杂粮淘洗干净后，放入电饭煲，加水至超过米2厘米，煮好杂粮饭备用。

8

牛腩炖至汤汁浓稠时，放入西蓝花，继续煮至汤汁收干后起锅，盖在杂粮饭上即可。

牛肉如美人，千万不可老

滑蛋牛肉饭

时间 30分钟

难度 低

总热量 385千卡

主料 牛里脊肉100克 | 番茄100克 | 鸡蛋1个 | 米饭1碗（约150克）

辅料 姜10克 | 葱10克 | 食用油20毫升 | 料酒1汤匙 | 淀粉2茶匙 | 白糖1茶匙 | 盐1/2茶匙

做法

腌制准备

1 牛里脊肉洗净后切薄片；姜切片；葱切葱花；番茄切滚刀块；鸡蛋磕入碗中打散；取1茶匙淀粉加2汤匙水调成水淀粉。

2 在牛肉片中放入料酒、姜片和1茶匙淀粉，抓匀后腌制20分钟，去掉腌料。

制作滑蛋牛肉

3 锅烧热，加15毫升油，油温烧至八成热后，下牛肉片滚油，至牛肉片变色后捞起，沥油备用。

4 锅再次烧热，倒入蛋液，大火煎至蛋液半凝固，用铲子划成大块，盛出备用。

5 锅里加入5毫升油，烧至六成热，下番茄块、白糖，中小火翻炒至番茄变软出汁，加入炒好的蛋块和牛肉。

组合

6 倒入水淀粉勾薄芡，加盐，撒上葱花，翻炒均匀后盖在米饭上。

烹饪秘籍

① 牛肉要切得薄薄的，在烧热的油中烫熟，保持滑嫩的口感。

② 炒蛋时，在八成熟时就可以盛出了，不然再经过第二次翻炒会老。

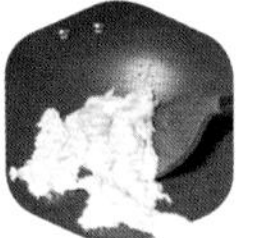

三杯鸡能下三碗饭

三杯鸡饭

时间 30分钟 | 难度 低 | 总热量 705千卡

主料 鸡全翅250克 | 茭白100克 | 米饭1碗（约150克）

辅料 食用油1汤匙 | 米酒6汤匙 | 生抽2汤匙 | 老抽1汤匙 | 黑麻油2汤匙 | 冰糖20克 | 新鲜罗勒10克 | 姜10克 | 蒜10克 | 葱10克

做法

准备

1 鸡全翅洗净后斩成大块；姜、蒜切片；葱切段；茭白洗净后切滚刀块。

制作三杯鸡

2 锅放油，烧至七成热后，下葱、姜、蒜和黑麻油，中小火爆香。

3 放鸡翅，大火煎炒，至鸡翅皮两面微焦黄。

4 加入米酒、生抽、老抽、冰糖，大火烧开后放茭白。

5 转中小火，盖上锅盖焖煮10~15分钟。

组合

6 至汤汁收干，放入新鲜罗勒，翻拌一下即可出锅，盖在米饭上即可。

烹饪秘籍

① 三杯鸡煮制过程中不加一滴水，全程靠液体调料焖熟食材。

② 最好使用台湾米酒和黑麻油，风味更地道。

舔舔手指再来一盘

土豆烧鸭翅

时间 60分钟 | 难度 低 | 总热量 681千卡

土豆是一种有魔法的食物，煎炒烹炸，怎么做都受欢迎。快手菜里面当然少不了土豆烧菜，简单的食材也能创造出惊人的味道。

主料 土豆2个 | 鸭翅300克

辅料 食用油1汤匙 | 盐2克 | 蒜末3克 | 姜末3克 | 红辣椒1个 | 白糖1茶匙 | 生抽2汤匙 | 鸡精2克 | 料酒1汤匙

做法

准备

1 鸭翅洗净，切小块。土豆去皮、洗净，切成滚刀小块，泡水备用。

2 锅中加冷水，将鸭翅放入，水开后焯烫2分钟，捞出沥干。

炒制

3 锅中放入食用油，烧至五成热时倒入蒜末、姜末煸炒出香味。

4 加入鸭翅、盐、料酒翻炒至七成软时，加入清水。

调味烧制

5 然后加入土豆和红辣椒。

6 再加入白糖、盐、生抽进行调味。

7 出锅前加入鸡精即可。

烹饪秘籍

有的人不喜欢鸭肉的腥味，其实只要两个步骤就能去除。一是将切好鸭肉用清水泡出血水；二是在烹制时加入生姜和料酒。

新时代养生经典
山药烧老鸭

时间 80分钟

难度 低

总热量 2571千卡

啤酒就枸杞子，山药加肥鸭，这是新时代的养生方式。潇洒与沉稳共处，简单和美味并存。这道山药烧老鸭快手菜，是年轻人的智慧。

主料 山药300克 | 市售已剁块的老鸭1000克

辅料 生姜片5克 | 葱花5克 | 枸杞子10克
啤酒3汤匙 | 盐1茶匙

烹饪秘籍

山药材质绵软，熟得很快，一定要在起锅前几分钟再放入，如果煮太久而使山药变碎，整道汤就会显得混浊不清爽。另外，山药去皮时一定要戴上手套，以避免皮肤瘙痒。

做法

准备

1 将剁块的老鸭洗净；山药去皮、洗净，切成滚刀块，泡在水中备用。

2 锅中加入凉水，倒入老鸭，煮沸后马上捞出，用清水冲洗干净。

烧制

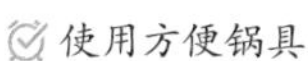

3 电饭锅洗净，加入焯过的老鸭、生姜、葱花、啤酒，再注入鸭肉两倍高的冷水，按“煮饭”键。

4 待电饭锅煮好鸣响时，加入山药和枸杞子，再按一次“快煮”键。

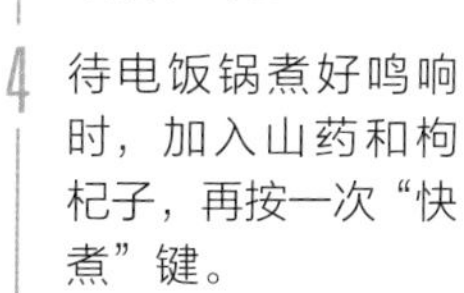

5 都煮好时，加入盐和葱花调味即可。

鲜脆可口的简单美味

胡萝卜莴笋丝炒牛柳

时间 30分钟

难度 低

总热量 281千卡

烹饪秘籍

① 胡萝卜莴笋丝也可以先用热水焯1分钟后快速捞起，这样处理后再下锅炒，既保证了色泽的漂亮，也能缩短烹饪时间。

② 半成品腌制牛柳可在超市熟食柜买到，如果没有，也可以用冷冻腌制牛柳来代替，但需要提前1小时解冻。

主料 胡萝卜半根（约100克）| 莴笋150克
☑ 半成品腌制牛柳丝200克

辅料 食用油2汤匙 | 小葱1根 | 生姜3片
盐1/2茶匙

做法

准备

1 将胡萝卜和莴笋冲洗干净，去皮后用擦丝器擦成丝状。小葱洗净，切成段备用。

预制牛柳

☑ 使用方便食材

2 锅里放入适量食用油，烧到八成热时，放入半成品腌制牛柳。

3 大火煸炒牛柳至全部变色后盛出备用。

炒制

4 锅内留少量余油烧热，加入葱段、姜片煸香。

5 将胡萝卜丝和莴笋丝一起倒入，大火快炒约1分钟至熟，加入盐调味。

6 最后将牛柳倒进锅中，和胡萝卜丝和莴笋丝一起翻炒几下即可。

清新有营养

茭白炒牛肉

时间
30分钟

难度
低

总热量
417千卡

主料 牛肉300克｜茭白2根

辅料 食用油2汤匙｜盐1/2茶匙｜生抽1汤匙｜白糖1茶匙｜黑胡椒粉1茶匙｜红辣椒1根｜玉米淀粉1/2茶匙

做法

准备

1 牛肉洗净，逆纹切成薄片，加入生抽、白糖、黑胡椒粉、玉米淀粉腌制10分钟。

2 茭白剥去外皮，洗净，切成滚刀块。

炒制

3 锅中放入油，烧至八成热时倒入牛肉快速翻炒。

4 待牛肉炒至发白变色时，加入茭白翻炒均匀。

5 炒至茭白变软时，加入红辣椒快炒1分钟。

调味

6 最后再用盐、白糖调味即可。

烹饪秘籍

切牛肉时，一定要看清纹路再切，逆纹切牛肉，炒好的牛肉才会嫩，不会柴。

清清淡淡的滋补佳品

胡萝卜炖羊肉

时间 80分钟

难度 低

总热量 1079千卡

主料 羊肉500克 | 胡萝卜1根

辅料 生姜4片 | 葱段8克 | 料酒2汤匙 | 盐1茶匙 | 香菜末20克 | 食用油1汤匙

烹饪秘籍

羊肉炖汤时，最好是热水下锅，这样煮出来的肉比较紧实而不发硬。另外，在挑选羊肉时，记得看、闻、摸。颜色鲜红、肉质不含水分，没有异味的羊肉则可以放心购买。

做法

准备

1 羊肉洗净，切成3厘米左右的小方块；胡萝卜去皮、洗净，切成滚刀块。

2 将羊肉放入清水中浸泡20分钟后捞出，沥干备用。

炖制

使用方便锅具

3 电饭锅里放入食用油，烧至冒热气时，加入姜片和葱段煸炒。

4 待炒出香味时，加入羊肉、料酒和开水，水位需没过羊肉。

5 按“煮饭”键，待羊肉快熟时，加入胡萝卜。

6 待按键跳起时，加入香菜末和盐调味即可。

酥软浓香

红烧羊小排

时间 50分钟

难度 低

总热量 1058千卡

主料 羊小排500克

辅料 食用油1汤匙 | 生姜4片 | 生抽2汤匙 | 老抽2茶匙 | 冰糖10颗 | 花椒10克 | 八角10克 | 小葱2根 | 盐1茶匙 | 料酒1汤匙

烹饪秘籍

烹煮羊肉最担心的是有膻味，要想去除膻味，一是提前焯烫，二是在煮制过程中加入花椒和八角，都能很好地使羊肉更加鲜而不膻。

做法

准备

1 羊小排洗净，切成小方块。小葱洗净，切成约5厘米长的段备用。

2 冷水入锅，放入羊小排，水开后焯1分钟，沥干备用。煮羊小排的汤撇去浮沫后盛出备用。

炖制

3 锅中放油，小火烧至五成热，放入花椒、八角，慢慢炒出香味。

4 锅中继续放入羊小排，加入料酒、冰糖、生抽、老抽、盐翻炒均匀后加入羊排汤，水位以没过羊小排为好。

使用方便锅具

5 把除了小葱以外的所有材料，包括生姜，转入压力锅中，大火煮开至上汽，炖煮20分钟。

6 煮熟后打开压力锅，均匀撒上葱段即可。

简单轻食做起来

椒盐猪排

时间 30分钟 | 难度 低 | 总热量 1071千卡

炸得两面金黄的猪排散发着香气，外酥里嫩。自制的猪排不会太过油腻，还可以保证温度与新鲜。隔壁小孩都馋哭了。

主料 市售已切好的猪肉排3块（约250克）

辅料 鸡蛋1个 | 椒盐粉8克 | 食用油1汤匙 | 面粉适量 | 面包糠适量

做法

腌制

使用方便食材

1 将猪排清洗干净，用厨房用纸吸干水分。

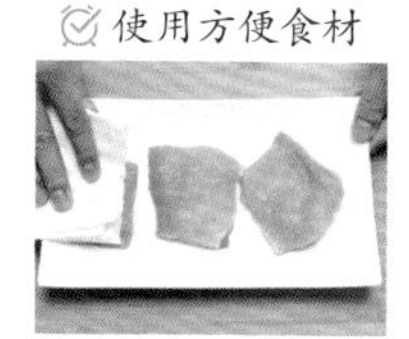

2 将猪排两面均匀裹上椒盐粉，腌制5分钟以上。

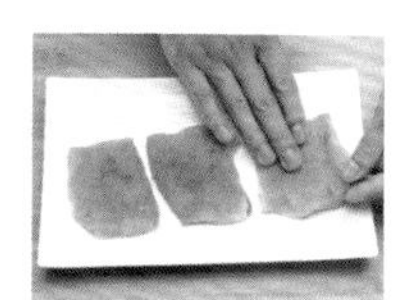

挂糊拍粉

3 鸡蛋打成蛋液备用。

4 在碗里放入适量面粉，将猪排放入，均匀裹上面粉。

5 接着将猪排两面均匀地裹上鸡蛋液。

6 最后再裹上一层面包糠。

炸制

7 热锅放油，中火烧至五成热时转小火，将猪排放入，炸至两面金黄时即可。

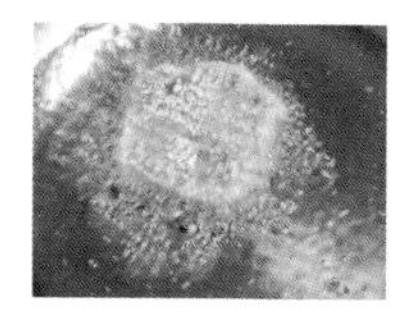

烹饪秘籍

炸猪排时，火候很关键，用大火煎制容易焦煳，用小火慢煎，则能煎出香而不焦的猪排来。

3 Chapter 晚餐

百变的饭

海鲜藜麦饭

时间 25分钟　难度 低　总热量 240千卡

这是一道可以百搭的饭，必备食材是藜麦和番茄。藜麦是被联合国粮农组织认证的“一种单体植物就可以基本满足人体基本营养需求”的食物，番茄可以赋予整道饭的基调，其他的大家发挥想象力添加就可以了，召唤四类食物就可以做出低卡营养的美味啦。

主料 藜麦40克 | 番茄100克 | 西蓝花100克 | 虾仁50克

辅料 洋葱20克 | 橄榄油1/2茶匙 | 黑胡椒粉1/2茶匙 | 盐1/2茶匙 | 香葱碎少许

烹饪秘籍

番茄去皮口感会更好，还可以加入牛肉、鱼、牡蛎等食材，或者加入自己喜欢的调味料，所以说这道海鲜藜麦饭是百变的饭。

做法

准备

1 藜麦淘洗干净，所有食材冲洗干净。

2 番茄切小块；西蓝花切小朵；洋葱切碎；虾仁挑去虾线，再次冲洗干净备用。

炒制

3 炒锅烧热，加入少许橄榄油，放入洋葱碎，小火煸出香味。

4 放入番茄，小火慢慢炒出汤汁，然后放入西蓝花，中火翻炒1分钟。

煮制

5 西蓝花变软后放入藜麦，加入没过食材一半量的热水，盖上锅盖，中火煮3分钟。

6 3分钟后放入虾仁，盖上锅盖，继续焖煮5分钟。

收汁调味

7 观察到汤汁收得差不多的时候，打开锅盖，翻动一下食材。

8 最后加入盐和黑胡椒粉调味，可撒少许香葱碎点缀。

米糙菜不糙

糙米鸡胸寿司

时间 60分钟 | 难度 低 | 总热量 1015千卡

可爱又好吃的寿司有谁不爱呢？可是传统的白米寿司的高热量让人望而生畏。而这道糙米鸡胸寿司完全不会给你压力。糙米是肥胖人士的好朋友，它的热量很低，能有效调节新陈代谢，还能改善内分泌异常、贫血、便秘等状况。这样的寿司当然更受大家的喜爱。

主料 鸡胸肉200克｜糙米100克｜大米100克
海苔10克｜生菜叶30克｜黄瓜50克
胡萝卜50克

辅料 黑胡椒粉1/2茶匙｜生抽2茶匙
淀粉1茶匙｜食用油1/2茶匙

烹饪秘籍

如果一次做得比较多，可以用保鲜膜封起来，储存在冰箱里，但不要留太久哦。

做法

准备腌制

1 糙米比较硬，洗净后，要加入没过米的水浸泡3小时以上，也可以提前一夜泡好。

2 鸡胸肉洗净后沥干，顺着纹理切成小指粗细的长条，放入碗中，加入黑胡椒粉和生抽调味，放淀粉、少许油抓匀，封上保鲜膜，入冰箱冷藏一夜。

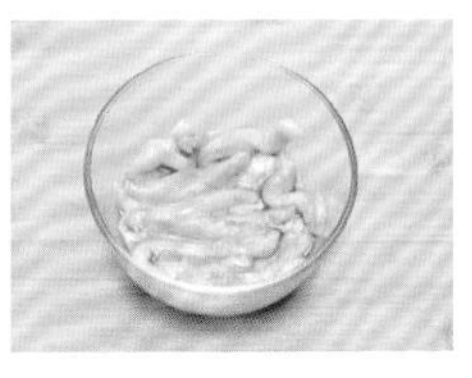

蒸饭

使用方便锅具

3 将浸泡好的糙米淘洗一下，和淘好的大米一起倒入电饭煲，拌匀，按照米和水1：1的比例倒入清水，按下平时蒸饭的按键蒸制糙米饭。

组合

4 蒸饭时，把生菜叶洗净、沥干；黄瓜和胡萝卜洗净、去皮，切成笔心粗细的长条。不想吃生的胡萝卜可以用水焯一下。

5 煎锅烧热，刷上薄薄一层油，开小火，摆入腌好的鸡胸肉，一面上色后翻另一面，鸡胸肉很容易熟，煎至两面金黄就可以了。

6 将海苔铺在竹帘上，盛出糙米饭，轻轻拍散后平铺在海苔上，前段留出1.5厘米左右的空，这样容易包紧。

卷寿司

7 将生菜叶、黄瓜条、胡萝卜条、鸡胸肉在糙米饭上集中摆好，用竹帘将寿司卷好，要卷紧，这样切的时候不容易散开。

8 最后用蘸过热水的刀切成2厘米左右的小段即可，可以盛盘，也可以装进便当。

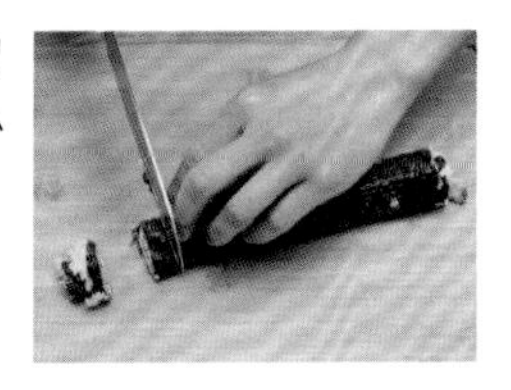

寿司新花样

菜花寿司

时间 25分钟

难度 中

总热量 203千卡

这道好吃的寿司，用蔬果代替了米饭，维生素和矿物质一下子高出很多，热量却大大降低。减脂期间就是要把普通的食材吃出花样来。这道菜花寿司可以让你一口吃下五六种蔬菜和水果，口感和味道也都大大提升，幸福感也跟着爆棚！

主料 菜花500克 | 大海苔片20克

辅料 黄瓜30克 | 胡萝卜30克 | 牛油果20克
橄榄油1/2茶匙 | 白醋1茶匙 | 白糖1茶匙

烹饪秘籍

① 如果菜花比较嫩，炒完可能会出水，那就要挤干水分再去包。

② 菜花要凉凉了再包，不然会影响海苔酥脆的口感。

做法

准备

1 把菜花洗净后去掉比较老的根茎，切成大块，用料理机打碎成米粒状。

2 取一煎锅，锅热后倒橄榄油，油热后放入菜花碎，中火翻炒4分钟。

3 把菜花倒入一个大碗里，放入白醋和白糖，搅拌均匀后凉凉。

4 黄瓜、胡萝卜、牛油果洗净、去皮，分别切成黄瓜丝、胡萝卜丝和牛油果片。

卷寿司

5 取出海苔铺在竹帘上，将凉凉的菜花碎平铺在海苔上，前段留出1.5厘米左右的空，这样容易包紧。

6 将黄瓜丝、胡萝卜丝和牛油果片在菜花碎上集中摆好。

使用方便工具

7 用竹帘将寿司卷好，要捏紧，这样切的时候不容易散开，卷好后放置一会儿定形。

8 最后用刀切成2厘米左右的小段就可以了。

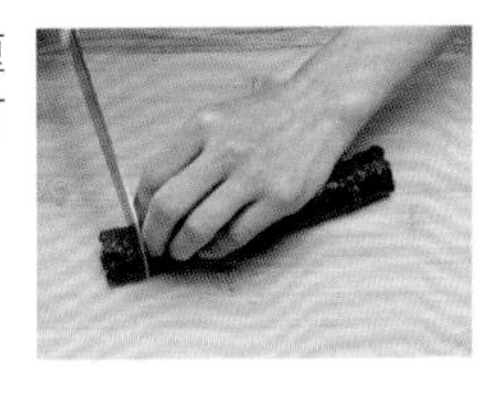

低热量的燃脂美食

咖喱南瓜西葫芦面

时间 25分钟 | 难度 中 | 总热量 134千卡

主料 西葫芦400克 | 小南瓜80克

辅料 蒜片5克 | 咖喱粉2茶匙 | 橄榄油1茶匙 盐1/2茶匙 | 香菜末少许

做法

准备

使用方便小厨电

1 南瓜洗净后带皮切块，放入微波炉大火转熟。

2 西葫芦洗净后用擦丝器擦成粗丝，尽量擦得长一些。

3 烧一锅水，水沸后放入西葫芦丝煮熟，熟后马上捞出过凉。

炒制

4 取一炒锅，烧热后放一点橄榄油，用手在锅上方试一下温度，觉得热了就离火，放入蒜片和咖喱粉，慢慢炒香。

5 等咖喱粉充分炒香之后，把南瓜放入锅内，重新上火翻炒，再放入西葫芦丝，翻动让南瓜糊包裹在西葫芦丝上。

6 开小火继续慢慢翻动，放入盐调味拌匀，关火装盘，撒少许香菜末点缀即可。

烹饪秘籍

① 南瓜最好用烤箱或微波炉制熟，煮或蒸会有水，加上西葫芦也会出水，南瓜糊就不容易挂在西葫芦丝上了。

② 炒咖喱粉最好离火炒，不然很容易煳。

鲜美乘以二
鲜炒双菇

时间 12分钟

难度 低

总热量 104千卡

主料 香菇片150克 | 杏鲍菇片150克

辅料 橄榄油1/2茶匙 | 蒜片3克
白皮洋葱丝30克 | 味极鲜酱油1茶匙
黑胡椒粉1/2茶匙 | 香葱碎少许

做法

炒制

1 小火炒香洋葱丝和蒜片。

2 放入蘑菇片，中火炒至蘑菇变软，然后倒入味极鲜酱油翻炒均匀。

调味

3 出锅前撒上黑胡椒粉，翻炒均匀，撒少许香葱碎点缀即可。

烹饪秘籍

烹调过程中如果感觉有点干，可以倒入少许清水，盖上锅盖焖一下，蘑菇会熟得快一点儿，也不容易煳锅。

鲜嫩多汁
芦笋三文鱼

时间 20分钟

难度 低

总热量 175千卡

主料 三文鱼100克 | 芦笋6根（约50克）

辅料 生姜30克 | 黑胡椒粉1/2茶匙
海盐1/2茶匙

做法

准备腌制

1 生姜洗净，切片。

使用方便小厨电

2 姜片放入料理机中榨成生姜汁。

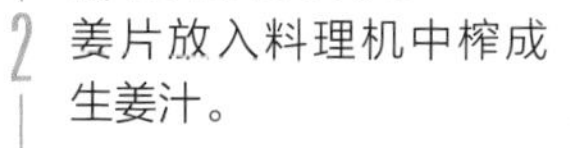

3 三文鱼用厨房纸巾吸干水分，均匀涂抹上生姜汁，腌制10分钟。

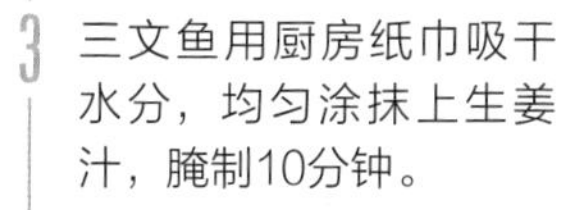

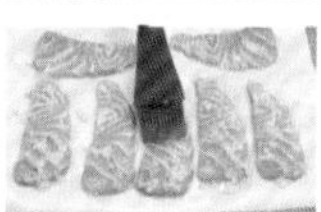

4 芦笋洗净，切成5厘米左右的长段。

烤制

5 烤盘铺上一层锡纸，放上三文鱼和芦笋，撒上黑胡椒粉和海盐。

6 烤箱180℃烘烤15分钟，至鱼肉全熟即可。

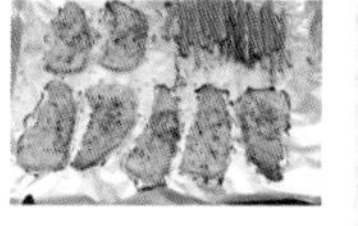

烹饪秘籍

用生姜汁腌制三文鱼，再撒一些盐，能充分激发三文鱼的鲜味，最大限度保证其鲜嫩的口感。

酸甜滑嫩，好吃好看

番茄豆腐鱼

时间 30分钟　难度 高　总热量 246千卡

天冷的时候吃上这么热气腾腾、好吃又好看的一锅，简直是人生享受。在万物皆能包容的番茄浓汤里，味道鲜美、肉质滑嫩、蛋白质含量丰富且无刺的龙利鱼，搭配豆腐及金针菇，缔造了这道健康营养的人间美味。

主料 龙利鱼柳200克｜豆腐100克｜番茄200克｜金针菇50克

辅料 蛋清20克｜白胡椒粉1/2茶匙｜盐1/2茶匙｜食用油1/2茶匙｜蒜末3克｜番茄酱1汤匙｜生抽1茶匙｜玉米淀粉1茶匙｜香葱碎2克

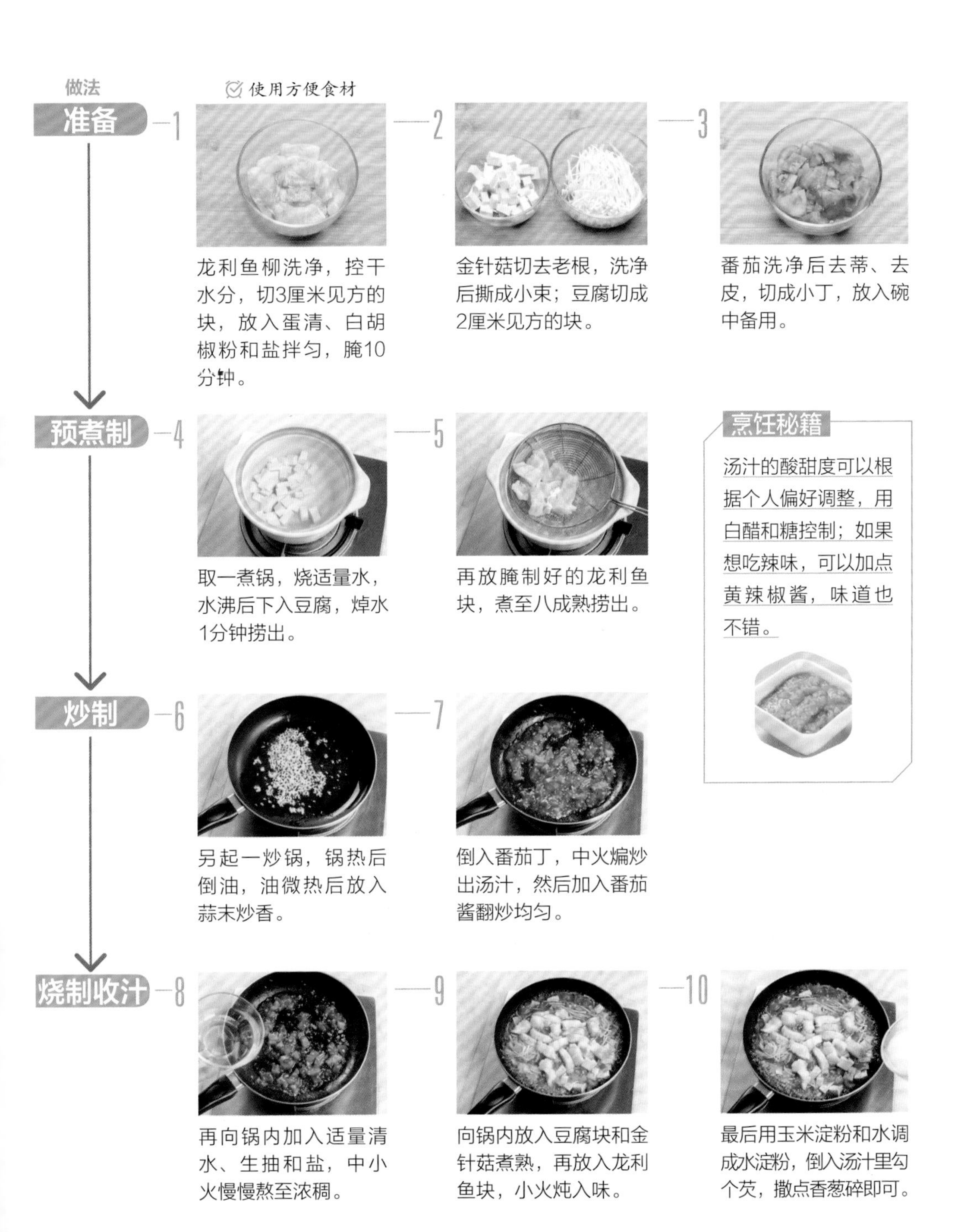

做法

使用方便食材

准备

1 龙利鱼柳洗净，控干水分，切3厘米见方的块，放入蛋清、白胡椒粉和盐拌匀，腌10分钟。

2 金针菇切去老根，洗净后撕成小束；豆腐切成2厘米见方的块。

3 番茄洗净后去蒂、去皮，切成小丁，放入碗中备用。

预煮制

4 取一煮锅，烧适量水，水沸后下入豆腐，焯水1分钟捞出。

5 再放腌制好的龙利鱼块，煮至八成熟捞出。

炒制

6 另起一炒锅，锅热后倒油，油微热后放入蒜末炒香。

7 倒入番茄丁，中火煸炒出汤汁，然后加入番茄酱翻炒均匀。

烧制收汁

8 再向锅内加入适量清水、生抽和盐，中小火慢慢熬至浓稠。

9 向锅内放入豆腐块和金针菇煮熟，再放入龙利鱼块，小火炖入味。

10 最后用玉米淀粉和水调成水淀粉，倒入汤汁里勾个芡，撒点香葱碎即可。

烹饪秘籍

汤汁的酸甜度可以根据个人偏好调整，用白醋和糖控制；如果想吃辣味，可以加点黄辣椒酱，味道也不错。

咸鲜软嫩，营养美味

芦笋龙利鱼饼

时间
45分钟

难度
中

总热量
253千卡

小火慢慢煎成的芦笋龙利鱼饼，是集营养与美味于一身的菜肴。龙利鱼高蛋白、低脂肪，对眼睛有很好的保健作用；芦笋是有助于减脂的高营养食材。这样咸鲜软嫩、营养美味的食物自然是人见人爱了。

主料 龙利鱼柳400克 | 芦笋80克 | 红甜椒50克

辅料 胡椒粉1/2茶匙 | 蛋清30克 | 盐1/2茶匙 | 淀粉1/2茶匙 | 食用油1/2茶匙

做法

腌制准备

使用方便食材

1 将龙利鱼柳洗净后剔除白色的筋膜，铺在干净的案板上，用刀背轻轻地剁成鱼蓉，剁到很细腻为止。

2 鱼蓉剁好后放进干燥的盆或大碗中，往鱼蓉中加白胡椒粉、蛋清、盐和淀粉。

3 用筷子沿同一个方向搅，搅到有点起胶了就准备直接用手搅。

4 洗干净手后，按刚刚筷子搅打的方向从盆底抄起鱼蓉摔打到全部起胶，约5分钟。

焯烫

5 烧一锅热水，芦笋洗净后放入沸水中，看到芦笋变色后就捞出，用凉水冲凉。

煎制

6 将凉透的芦笋切成碎粒，洗好的红甜椒也切碎，加进鱼蓉里，用筷子继续按相同的方向搅打10分钟。

7 手上蘸点水，挖起一团鱼蓉捏成圆形或直接拍成饼形，放在干净的盘子上。煎锅烧热后刷薄薄一层油，把鱼饼放进去小火煎至两面金黄即可。

烹饪秘籍

鱼蓉一定要搅打上劲至起胶才可以，否则煎制过程中容易散，口感也不好。

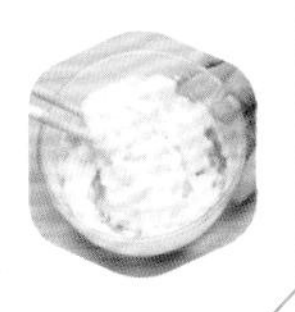

在美味中减脂增肌

香煎龙利鱼

时间 30分钟 | 难度 低 | 总热量 335千卡

煎龙利鱼的秘诀就是保持原汁原味。鱼肉高蛋白、久烹不老、没有杂味，还有软化血管的功效。选出最简最优的料理方式，遵循适量、少油盐、高蛋白的原则，做出来的这道减脂增肌餐，怎会令你不心动呢？

烹饪秘籍

想要鱼肉更有香味，可以倒入自己喜欢的果酒，盖上锅盖焖一会儿，会有意想不到的效果哦。

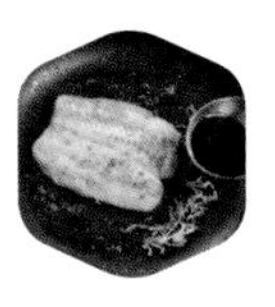

主料 速冻龙利鱼片500克

辅料 黑胡椒粉1茶匙｜盐1/2茶匙
橄榄油1/2茶匙｜姜丝3克｜柠檬半个

做法

腌制准备

使用方便食材

1. 买回的速冻龙利鱼片待其自然解冻，洗净，擦干表面水分。

2. 在鱼片两面均匀涂抹黑胡椒粉和盐，轻轻按摩后腌制20分钟。

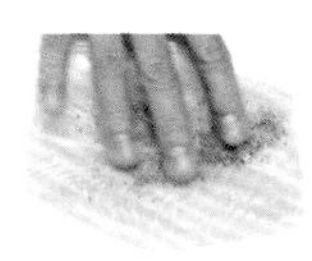

煎制

3. 取一平底锅，烧热后倒入橄榄油，转小火，放入姜丝慢慢炒出香味。

4. 把姜丝拨到一边，放入腌制好的龙利鱼片，轻轻晃动几下。

5. 待鱼片底部发白后用木铲和筷子辅助翻面，煎至两面发白。

6. 将柠檬汁挤在鱼身和锅内，盖上锅盖，焖1分钟即可盛出。

主料 鲜虾仁100克 | 春笋200克
鸡蛋2个（约100克）

辅料 姜丝2克 | 料酒3茶匙 | 食用油1/2茶匙
盐1/2茶匙 | 香葱碎少许

烹饪秘籍

炒鸡蛋时在蛋液中加入料酒有两大妙用：一是去腥；二是可以使炒出来的鸡蛋更加蓬松，口感更好。

做法

准备

1 鲜虾仁挑去虾线后洗净，控干水分，放入碗中，加入姜丝和1茶匙料酒抓匀，腌制10分钟。

2 将新鲜的春笋洗净后切薄片，用热水焯一下，控干备用。

3 鸡蛋磕入碗中，再倒入2茶匙料酒搅打均匀。

炒制

4 取一炒锅，烧热后倒油，中火烧至油微热，倒入蛋液，用筷子滑散，盛出备用。

5 锅内不用重新倒油，直接放入虾仁和春笋片，翻炒至虾仁成熟。

6 把刚才炒好的鸡蛋倒回锅中，加入盐调味，撒少许香葱碎点缀即可。

精致生活

鲜虾香菇盅

粉嫩的虾仁搭配脆爽的荸荠和热情的胡萝卜，端坐在圆鼓鼓的香菇上面。香菇是集高蛋白、低脂肪、多糖和多种维生素于一身的菌类食物，常吃香菇能提高自身免疫力，防癌抗癌。这么健康、美味又精致的食物当然要经常吃喽。

主料　鲜香菇100克 | 鲜虾仁150克
荸荠30克 | 胡萝卜30克

辅料　黄酒少许 | 盐1/2茶匙
白胡椒粉1茶匙 | 淀粉10克
香葱5克

烹饪秘籍

加入荸荠是为了增加口感层次，如果没有，可以选择比较嫩的莲藕或竹笋；加入胡萝卜是为了美观，也可以换成青豆等色彩鲜艳的食材。

做法

准备

1

鲜香菇洗净，擦干水分后去掉菇柄，使香菇呈小碗状，留两个比较嫩的菇柄做馅用。

2

鲜虾仁冲洗一下，挑出虾线，再次清洗后控干水分，剁成虾肉泥；胡萝卜、荸荠去皮后与菇柄、香葱分别切碎备用。

蒸制

3

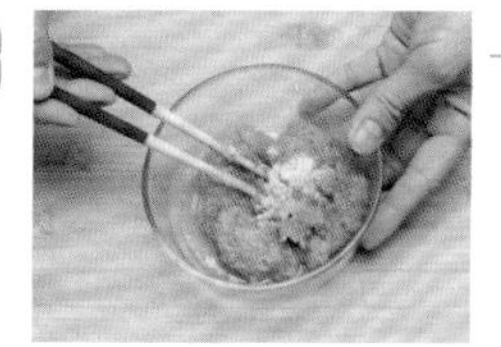

虾肉泥放碗中，加入黄酒（去腥）、盐和白胡椒粉，朝一个方向搅打均匀。

4

再加入胡萝卜碎、荸荠碎、菇柄碎，同样沿刚才的方向搅打上劲，把调好的馅嵌入香菇内静置10分钟。

5

静置的同时在蒸锅内加水，将水煮沸，把香菇摆在盘中，沸水上锅，大火蒸6分钟。

调味浇汁

6

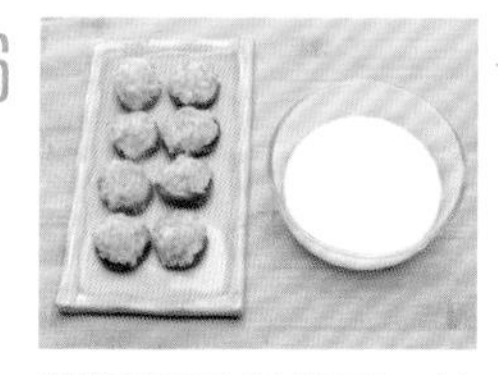

蒸好后取出盘子，这时盘子里面有许多蒸出来的汤汁，把香菇盅取出摆到新的盘子中；将淀粉与80毫升清水混合制成水淀粉备用。

7

剩下的汤汁倒入炒锅内，开小火加热，尝一下味道，可以加入适量盐调味，再倒入水淀粉勾薄芡，等芡汁冒小泡后关火。

8

最后把芡汁淋在蒸好的鲜虾香菇盅上，撒上少许香葱碎装饰即可。

缤纷色彩惹眼球

三色虾仁

这是一种经典的虾仁吃法，够美味也够美貌。虾仁的鲜嫩弹牙，青豆的翠绿清香，还有玉米粒的清甜脆嫩，让人食指大动，舀一勺入口，满满的都是咀嚼的快感。

主料 虾仁350克

辅料 玉米粒80克 | 青豆粒80克 | 胡萝卜1/2根 | 淀粉1汤匙 | 料酒1/2汤匙 | 鸡精1/2茶匙 | 盐1茶匙 | 油适量

烹饪秘籍

胡萝卜丁切好后要放入清水中浸泡待用，以防止氧化变黑；市面上有卖速冻的杂蔬粒，想要更方便快捷的朋友们可选择购买。

做法

准备

1 虾仁用牙签挑去虾线，洗净，加料酒腌制片刻待用。

2 玉米粒和青豆粒洗净，沥去多余水分待用；淀粉加适量清水调匀成水淀粉。

3 胡萝卜去皮，洗净，切小拇指头大小的胡萝卜丁待用。

预炒制

4 炒锅内倒入适量油，烧至七成热，放入腌制后的虾仁，快速滑炒至虾仁变色后盛出。

混合炒制

5 炒锅内再次倒入少许油，烧至七成热，放入胡萝卜丁、玉米粒、青豆粒，中火翻炒均匀。

6 接着将炒至变色后的虾仁倒入锅内，大火同锅内食材翻炒均匀。

勾芡调味

7 再将调好的水淀粉倒入锅内，翻炒均匀至所有食材均匀上一层薄芡。

8 最后调入鸡精、盐，翻炒均匀调味后即可关火出锅。

下酒好菜已备好

蒜蓉胡椒虾

时间 6分钟

难度 低

总热量 93千卡

又是蒜蓉又是胡椒的，感觉很是重口味啊！可是尝过方知重口味的魅力所在：大虾的每一处都被这浓香包裹，色泽红亮，肉质嫩滑，再来一壶好酒，简直绝配。

主料 大虾500克

辅料 大蒜1头 | 现磨黑胡椒粉1茶匙
五香粉1/2茶匙 | 香菜2根
白砂糖1/2茶匙 | 盐1茶匙
油适量

烹饪秘籍

剥壳、去虾线后的大虾，可加入少许料酒和水淀粉加以腌制，口感会更佳。

做法

准备

1

大虾洗净，去掉虾头，剥去虾壳，但虾尾部分的壳要保留。

2

将剥壳后的大虾开背，用牙签挑去虾线待用。

3

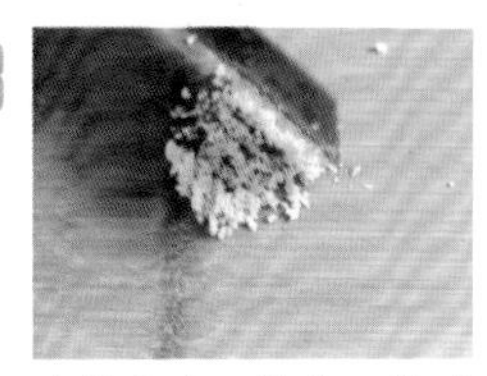

大蒜去皮，洗净，捣成蒜蓉待用；香菜洗净，切香菜粒。

煎炒

4

炒锅内倒入适量油，烧至七成热，放入蒜蓉，小火煸至出香味。

5

接着放入准备好的大虾，中大火翻炒至大虾变色。

6

然后加入现磨黑胡椒粉和五香粉，快速翻炒均匀。

调味

7

再调入白砂糖和盐，小火翻炒至均匀调味。

8

最后在出锅前，撒入切好的香菜粒炒匀即可。

美味营养一手抓

虾仁蛋饼

时间 30分钟

难度 中

总热量 427千卡

黄灿灿的鸡蛋和爽滑弹牙的虾仁，再加上新鲜的蔬菜，就诞生了这道虾仁蛋饼。鸡蛋富含维生素、矿物质和蛋白质，虾仁富含能够保护心血管系统的镁元素。荤素搭配出的这道菜营养均衡、口感鲜嫩蓬松，吃起来既健康又过瘾。

主料 虾仁100克｜鸡蛋3个（约150克）
土豆150克｜胡萝卜50克
西蓝花70克

辅料 橄榄油1/2茶匙｜盐1/2茶匙
黑胡椒粉1/2茶匙

烹饪秘籍

虾仁可以整个放进去，也可以切成小块后放进去，切小块比较容易翻面。

做法

准备

1

胡萝卜、土豆洗净后削皮，切成5毫米的厚片，放入蒸锅内蒸熟。

2

将西蓝花洗净后切成小朵，入沸水中焯熟，捞出后过一下凉水，控干水分。

3

虾仁用清水冲洗一下，挑去虾线，再次冲洗后控干水分备用。

制作菜料

4

煎锅内倒入少许橄榄油，放入虾仁，小火煎熟盛出。

5

鸡蛋在碗中打散，放入胡萝卜片、土豆片、西蓝花、虾仁混合均匀，加入盐和黑胡椒粉再次搅匀。

制作蛋饼

6

煎锅烧热后倒入橄榄油，调小火，留一小部分蛋液，将其余蛋液倒入锅中，轻轻晃动煎锅使蛋液平铺在锅内。

7

待蛋饼慢慢成形后，轻轻转动蛋饼并翻面，分别翘起蛋饼的两边，将剩余蛋液倒入蛋饼下面，轻轻晃动直至表面金黄。

8

如果拿不准是否成熟，可以多翻几次，最后盛出，切角即可享用。

美味不张扬

辣炒章鱼

时间 8分钟　难度 低　总热量 675千卡

一直觉得章鱼张牙舞爪的样子不是十分讨喜，于是作为美食，也是自动将其屏蔽。可自打尝过这辣炒章鱼后，就深深意识到这么多年被它的外表给骗了，脆嫩脆嫩的口感，吃起来一点儿也不费劲，真想把这么多年耽误的全给吃回来。

主料 章鱼500克

辅料 青尖椒2个｜红尖椒2个｜生姜5克
生抽1汤匙｜料酒1/2汤匙
鸡精1/2茶匙｜盐1茶匙｜油适量

烹饪秘籍

清洗章鱼时，可加入少许盐和面粉，反复揉搓，可以将章鱼洗得更干净；章鱼炒制时间不宜太长，否则会变硬，影响口感。

做法

1

章鱼仔细清洗干净，然后切3厘米的长段待用。

2

锅内烧适量开水，放入切好的章鱼段，大火汆烫1分钟后捞出。

3

青尖椒、红尖椒去蒂洗净，斜切小段；生姜去皮洗净，切姜丝。

4

炒锅内倒入适量油，烧至七成热，放入姜丝爆至出香味。

5

然后放入汆烫后的章鱼段，大火快速翻炒均匀。

6

接着调入生抽、料酒，继续翻炒均匀至章鱼入味。

7

再放入切好的青、红尖椒段，翻炒至尖椒段断生。

8

最后调入鸡精、盐，翻炒均匀调味后即可出锅。

甜甜辣辣才过瘾
韩式炒鱿鱼

这是韩餐店常见的一道料理，有嚼劲的鱿鱼配上韩式甜辣酱，每一口都超级浓郁。即使什么主食都不配，也能一人吃完一整盘！

主料 鱿鱼200克 | 洋葱1/2个（约50克）
黄彩椒20克 | 红彩椒20克

辅料 ☑ 韩式辣酱1汤匙 | 生抽1汤匙
白糖1/2茶匙 | 番茄酱1/2茶匙
油适量

烹饪秘籍

鱿鱼筋膜上的胆固醇很高，因此要去除。鱿鱼很容易炒老，因此大火快速翻炒才能保证鱿鱼鲜嫩的口感。

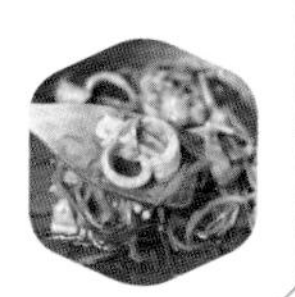

做法

准备

1

鱿鱼洗净，去除表面筋膜和内脏。

2

将鱿鱼切成长条备用。

3

洋葱切丝；红黄彩椒去蒂，切丝。

腌制

☑ 使用方便调料

4

取一个大碗，放入鱿鱼、韩式辣酱、生抽、白糖、番茄酱和少量清水，搅拌均匀。

5

将鱿鱼腌制15分钟。

炒制

6

炒锅烧热，倒油，放入洋葱炒香。

7

倒入腌好的鱿鱼，大火快速翻炒。

8

放入红黄彩椒，翻炒均匀即可出锅。

香飘十里

牡蛎韭菜煎蛋

时间 10分钟 | 难度 中 | 总热量 640千卡

主料 牡蛎500克 | 韭菜100克 | 鸡蛋3个

辅料 料酒2茶匙 | 淀粉1/2汤匙 | 盐1茶匙 | 油适量

做法

准备

1 牡蛎洗净，放入开水锅中煮至开壳后捞出。

2 捞出的牡蛎立即过凉水再次冲洗，并去壳取牡蛎肉。

3 韭菜择洗干净，切长约5毫米的小碎段待用。

4 鸡蛋打入碗中，加料酒、淀粉、盐、少许清水打匀。

搅拌

5 然后将牡蛎肉放入蛋液中，搅拌均匀。

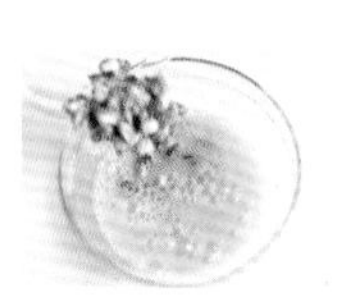

6 再倒入切好的韭菜碎段，反复搅拌均匀。

煎制

7 平底锅中倒入适量油，烧至七成热，倒入调好的蛋液铺平。

8 转小火慢慢煎至蛋液全部凝固，再翻面继续煎1分钟即可。

烹饪秘籍

买回来的牡蛎要先放入淡盐水中，使其吐尽泥沙；煮至开壳后的牡蛎再次冲洗，是为了洗去残留泥沙，使口感更佳。

吃着吃着就醉了

酒香蛤蜊

时间
8分钟

难度
低

总热量
225千卡

主料 花蛤500克

辅料 生姜10克 | 大葱10克 | 香葱1根 | 小米椒3个
黄酒30毫升 | 盐1茶匙 | 油适量

烹饪秘籍

买来的蛤蜊放入清水中，加入少许盐或者料酒静置一两个小时，能够帮助其充分吐尽泥沙。

做法

准备

1 买回来的花蛤放入清水中，并用小刷子将壳刷洗干净待用。

2 锅内烧适量开水，放入洗净的花蛤，大火煮至开口后捞出过凉水洗净。

3 生姜去皮洗净，切姜丝；大葱洗净，拍扁，切葱片。

4 香葱洗净，切葱粒；小米椒去蒂洗净，切小碎段待用。

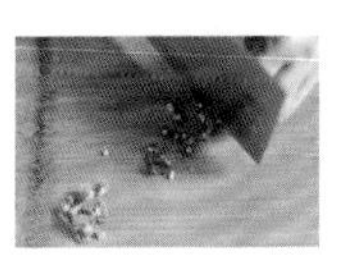

炒制

5 炒锅内倒入适量油，烧至七成热，放入姜丝、葱片、小米椒段爆至出香味。

6 接着放入洗净后的花蛤，中大火快速翻炒至均匀。

调味

7 再烹入黄酒，快速翻炒，使花蛤充分均匀裹上酒香。

8 最后加盐，翻炒调味，出锅前撒入切好的葱粒即可。

刺啦啦冒烟啦
油泼扇贝

时间 10分钟 | 难度 低 | 总热量 600千卡

扇贝可是烧烤摊上的至尊啊，这次将扇贝带回家，也改变了它一贯被烤的命运，改用油泼了，又弹又嫩的扇贝肉，经热油刺啦啦泼过后，鲜香味更甚。

主料 扇贝1千克

辅料 生姜10克 | 大蒜1/2头
香葱2根 | 红辣椒1个
生抽1汤匙 | 蚝油2茶匙
盐少许 | 油30克

烹饪秘籍

煮扇贝的时间不宜过长，一开壳就要捞出，以防止扇贝肉煮得过老，影响口感；也可以用蒸的方式使扇贝开口，蒸的时候注意，要冷水上锅蒸，扇贝肉才会更加鲜嫩。

做法

准备

1 将买回来的扇贝放入清水中，并用小刷子将扇贝壳反复刷洗干净待用。

2 煮锅中倒入适量清水烧开，放入洗净的扇贝，大火煮至开壳后捞出待用。

3 煮扇贝的同时，将生姜、大蒜洗净，去皮，分别切姜丝、蒜末。

4 香葱洗净，切3厘米左右的长段；红辣椒去蒂去子，洗净，切细丝。

摆盘

5 将煮至开口的扇贝壳、肉分开，取适量扇贝壳放入盘中，摆成一圈装饰待用。

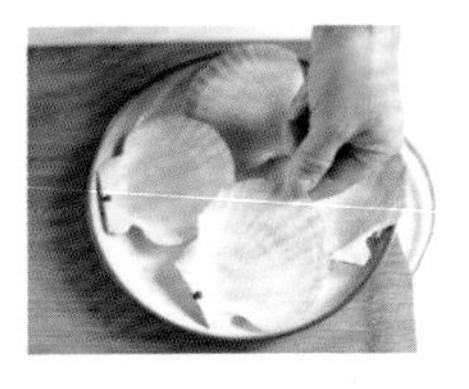

6 将取出的扇贝肉放入盘中，上面放上姜丝、葱段、辣椒丝和蒜末。

调味

7 取一个小碗，将生抽、蚝油、盐倒入其中，调成调味汁，淋到扇贝上。

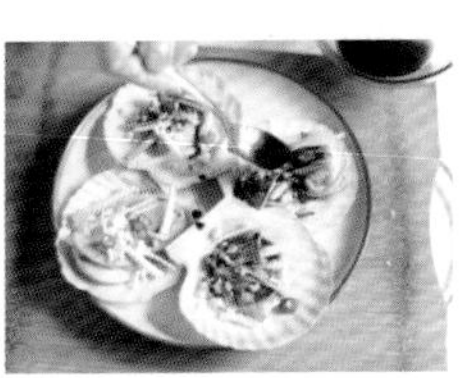

8 炒锅置火上烧热，倒入油，烧至冒烟后均匀淋在扇贝上即可。

肉肉无罪，健康美味
清蒸黄瓜塞肉

时间 25分钟 | 难度 低 | 总热量 492千卡

主料 黄瓜150克 | 猪肉泥100克

辅料 蛋清30克
玉米粒、豌豆、胡萝卜粒共50克
料酒2茶匙 | 盐1/2茶匙
味极鲜酱油1/2茶匙

做法

准备

1. 猪肉泥中加入蛋清、料酒和盐，用三根筷子顺时针搅匀，腌15分钟。

2. 玉米粒、豌豆和胡萝卜粒洗净擦干，混入肉馅拌匀。

3. 黄瓜洗净后去皮，用刨皮刀由上到下刨成长长的黄瓜薄片。

装盘

4. 另一半黄瓜片卷成空心的圆柱卷，把准备好的肉馅塞进去。

蒸制摆盘

5. 蒸锅水沸后放入黄瓜卷，蒸制20分钟。

6. 20分钟后关火，取出黄瓜卷，和黄瓜花一起摆放在盘中。

调味

7. 最后往每个有肉的黄瓜卷上滴少许味极鲜酱油就可以了。

烹饪秘籍

蒸的菜一定要趁热吃，否则容易变得干硬，影响口感。

小家碧玉
扁豆丝炒肉

时间 10分钟 | 难度 低 | 总热量 549千卡

这道扁豆丝炒肉有别于霸气厚重的压席"横菜"，呈现出一种江南小家碧玉的特点。在十足的大火快炒下，扁豆丝色泽的变化也标志着美味即将出炉。扁豆丝清香十足，肉丝细腻鲜美，小家碧玉自有一番动人之处。

主料 猪里脊350克 | 扁豆200克

辅料 姜末5克 | 蒜末5克 | 葱花3克
料酒1茶匙 | 酱油2茶匙 | 淀粉1茶匙
鸡精1/2茶匙 | 盐1茶匙 | 油适量

做法

准备

1. 猪里脊在流水下清洗干净，切5毫米左右粗细的丝。

2. 切好的里脊丝加入料酒、酱油、淀粉反复抓匀，腌制待用。

3. 扁豆择去老筋，洗净，然后斜着切细丝待用。

预炒制

4. 炒锅放油烧至七成热，放入肉丝，大火快炒至变色后盛出待用。

炒制调味

5. 炒锅内再倒入适量油烧至七成热，放入姜末、蒜末爆香。

6. 然后放入切好的扁豆丝，大火快炒至扁豆丝熟透。

7. 待扁豆丝熟透后，加入鸡精、盐翻炒调味。

8. 最后倒入炒好的肉丝，翻炒数下，并撒入葱花炒匀即可。

烹饪秘籍

扁豆丝一定要炒熟透，不然容易引起食物中毒；也可以先行将扁豆丝放入开水中焯至熟透后捞出，沥水后再炒。

别样精彩

胡萝卜青瓜炒肉片

时间 10分钟 | 难度 低 | 总热量 622千卡

用蔬菜炒肉算是见多了，用瓜来炒肉却是少见，可这一丁点儿也不影响这道菜的美味程度，看似风马牛不相及的青瓜和肉片，在胡萝卜的协调下却是那么般配。青瓜的清香提升了肉片的鲜美，补充了肉类缺少的维生素。真正的美味就在这里。

主料 猪里脊400克

辅料 胡萝卜1根 | 青瓜1根 | 姜5克 | 蒜2瓣 | 香葱2根 | 鸡精1/2茶匙 | 盐1茶匙 | 油适量

做法

准备

1 猪里脊洗净，切约5毫米的片待用。

2 胡萝卜去皮，洗净，切薄片；青瓜洗净，切薄片。

3 姜、蒜去皮切末；香葱洗净，切葱粒。

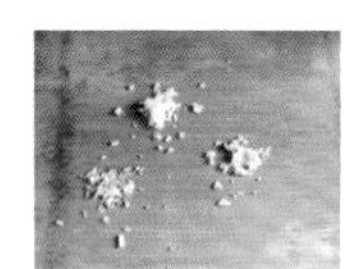

炒肉片

4 炒锅内倒入适量油，烧至七成热，放入姜末、蒜末爆香。

5 接着放入切好的里脊片，大火快速炒至肉片变色。

炒制调味

6 然后放入切好的胡萝卜片，继续翻炒至胡萝卜微微断生。

7 再放入青瓜片，中大火翻炒一两分钟。

8 最后加入鸡精、盐翻炒调味；出锅前撒入葱粒即可。

烹饪秘籍

如果不喜欢青瓜留皮的，也可以将青瓜去皮后再切片；青瓜切片前要注意将两头部位切去不要；同样胡萝卜也要将顶部切去一部分不要。

主料 腊肠2根｜莴笋1根

辅料 生姜5克｜大蒜2瓣｜香葱2根｜蚝油2茶匙｜油适量

红绿搭配好正点
莴笋炒腊肠

时间 15分钟 | 难度 低 | 总热量 754千卡

腊肠，应该说是人们生活智慧的结晶，不得不赞叹人们对于食物的那股钻研劲儿。一份好的腊肠应该是干而不柴、香而不腻、咸辣适中、鲜亮红润，配以清脆碧绿的莴笋，味道刚刚好。

做法

准备

1 腊肠仔细洗净，放入清水锅中，大火煮约10分钟。

2 莴笋去皮，洗净，切薄片，放入清水中浸泡待用。

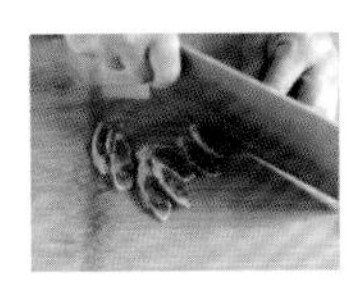

3 将煮好的腊肠捞出，凉凉，切薄片待用。

4 锅内再加入适量清水烧开，放入莴笋片汆烫至断生后捞出。

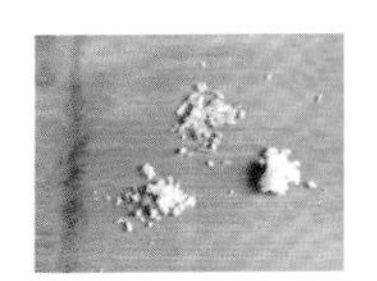

5 生姜、大蒜去皮切末；香葱洗净，切葱粒。

炒制调味

6 炒锅内倒入适量油烧至七成热，爆香姜末、蒜末。

7 然后放入汆烫后的莴笋片，大火炒匀；并加入蚝油调味。

8 再放入腊肠片，继续大火翻炒均匀；撒入葱粒即可。

烹饪秘籍

腊肠普遍口感较干，在烹制之前可先用温水浸泡一段时间，可使腊肠口感变软；在清洗莴笋时，如果根部较老，要注意切掉不要。

增肌小吃
微波盐酥鸡

时间 45分钟

难度 低

总热量 639千卡

主料 鸡胸肉400克 | 全麦面包屑30克

辅料 酱油1茶匙 | 胡椒粉1/2茶匙 | 盐1/2茶匙

烹饪秘籍

调料不要加太多，如果拿捏不准就尽量少加，烤完之后尝一下，再撒少许椒盐调味就好啦。

做法

腌制准备

1 鸡胸肉洗净后切成1.5厘米见方的块，放入碗中，加入酱油，腌制30分钟。

挂糊拍粉

2 把全麦面包屑在微波炉中烘干一下，然后加入盐和胡椒粉拌匀。

3 把腌好的鸡胸肉一块块拿出来，放入面包屑中，轻轻翻动，让面包屑完全包裹鸡胸肉。

微波加热

4 取一个干燥的玻璃盘，铺上油纸，把鸡肉块平铺在玻璃盘上。

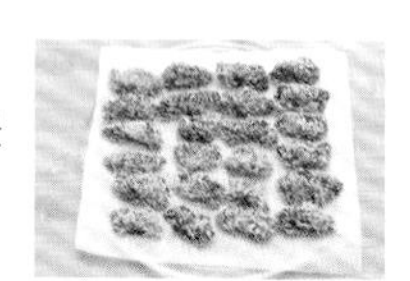

使用方便小厨电

5 将玻璃盘放进微波炉内，高火加热3分钟。

6 取出玻璃盘，将鸡肉块翻面，再放回微波炉内高火加热30秒就可以了。

解锁鸡胸新吃法

番茄焖鸡胸丸

时间 60分钟

难度 高

总热量 582千卡

主料 鸡胸肉末300克 | 即食燕麦片20克
鸡蛋1个（约50克） | 胡萝卜50克
番茄100克

辅料 料酒1茶匙 | 盐1/2茶匙 | 黑胡椒粉1/2茶匙
番茄酱15克 | 葱花5克 | 蒜片3克

烹饪秘籍

煮好的番茄鸡胸丸可以隔夜再吃，泡了一夜的丸子会更加入味，味道更好。

做法

准备

1 将鸡胸肉末、即食燕麦片和鸡蛋混合，加入料酒、黑胡椒粉和盐拌匀，揉成丸子。

2 将胡萝卜和番茄洗净，胡萝卜去皮、切块，番茄去蒂、切块。

制作汤汁

3 取一不粘锅，烧热后放入葱花和蒜片炒香，然后放入番茄块，翻炒至变软。

4 放入胡萝卜块，倒入适量清水，加入番茄酱，盖上锅盖，小火焖煮5分钟。

煎制调味

5 另起一不粘锅，烧热后转小火，放入刚刚揉好的丸子，慢慢煎至表面金黄。

6 将煎好的丸子放入煮有番茄的锅里，盖上锅盖，继续小火焖20分钟，加盐调味，点缀葱花即可。

浓郁番茄香

番茄罗勒炖鸡胸

时间 50分钟　难度 中　总热量 580千卡

这是一道充满意式风味的菜肴，赤红的酱汁裹着鸡胸肉，整个过程完全没加一滴水，全靠番茄熬出的浓汤。番茄具有美白祛斑的作用，可以提亮肤色，鸡胸是高蛋白低脂肪的肉类，两者搭配，成就了这道酸甜浓郁、低脂健康的美味。

主料 鸡胸肉400克 | 番茄200克

辅料 洋葱丝30克 | 蒜片5克 | 盐1/2茶匙 | 黑胡椒粉1/2茶匙 | 白胡椒粉1茶匙 | 干罗勒碎5克 | 香葱碎少许

烹饪秘籍

切鸡肉时，和鸡肉纹理呈45°下刀，这样切出的鸡肉更滑嫩、更好吃。

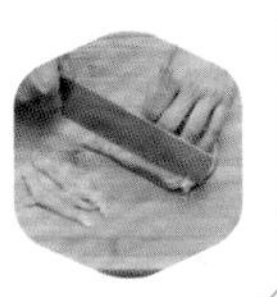

做法

准备

1 

鸡胸肉洗净后控干水分，切成1.5厘米宽的大条。

2 

在鸡肉条上均匀涂抹盐、黑胡椒粉和白胡椒粉，腌制10分钟。

3 

番茄洗净后去蒂，切成小块，放到碗里备用，千万不要浪费汤汁。

煎炒

4 

取一不粘锅，放入鸡肉条，将一面煎至金黄后翻面，煎至同样程度，盛出。

5 

锅内放入蒜片和洋葱丝，小火炒出香味，然后倒入切好的番茄。

6 

翻炒几下后放入鸡胸肉，翻炒均匀后盖上锅盖，中小火煮到番茄软烂成泥。

调味收汁

7 

10分钟后，打开锅盖，加入盐、黑胡椒粉、白胡椒粉和罗勒碎，搅拌均匀。

8 

开大火收汁，汤汁浓稠后关火，盖上锅盖，闷20分钟让鸡肉入味，盛出，撒少许香葱碎点缀即可。

燃烧我的卡路里

杏鲍菇煎炒鸡胸肉

时间 15分钟

难度 低

总热量 301千卡

主料 鸡胸肉200克 | 杏鲍菇100克

辅料 盐1/2茶匙 | 黑胡椒粉1/2茶匙 | 食用油1/2茶匙 | 淀粉8克 | 香葱碎少许

烹饪秘籍

加水焖1分钟的目的是让杏鲍菇成熟，同时也会使鸡胸肉变嫩，肉质不那么柴。

做法

腌制准备

1 鸡胸肉洗净后控干水分，顺着纹理切成长条，放在碗中。

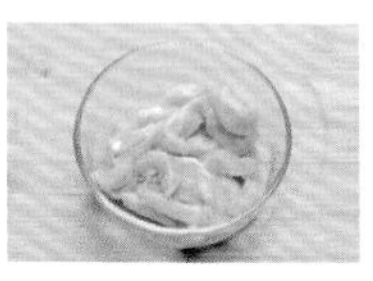

2 向碗中加入盐、黑胡椒粉、食用油和淀粉抓匀，腌制10分钟。

3 杏鲍菇洗净，切圆薄片备用。

炒制

4 起一炒锅，烧热后倒入少许油，油微热后倒入鸡胸肉条，小火翻炒至金黄。

5 再放入切好的杏鲍菇片，加入一点清水，盖上锅盖焖1分钟。

6 1分钟后，再加入少许盐和黑胡椒粉调味，即可出锅，可撒少许香葱碎点缀。

主料 鸡胸肉300克 | 泡发的笋干200克

辅料 干豆豉20克 | 大蒜10克 | 蚝油1/2茶匙
生抽1茶匙 | 食用油1/2茶匙 | 香葱碎少许

烹饪秘籍

想要更简单低脂，可以不用炒酱，把鸡肉和豆豉、大蒜及调料混合抓匀，直接蒸制就可以。

做法

准备

1 鸡胸肉洗净，剔除油脂和白膜，然后切成粗条。

2 泡发的笋干用沸水焯3分钟，去掉涩味，切成长条。

制作酱料

3 干豆豉和大蒜清洗一下，切成碎末，放入碗中，加入蚝油和生抽，拌匀成酱料。

4 取一炒锅，烧热后倒油，油微热后倒入酱料，小火翻炒出香味。

蒸制

5 取大碗，最底下铺笋干，然后一层酱、一层肉地铺好。

6 凉水上锅蒸，蒸汽上来后再蒸30分钟，可撒少许香葱碎点缀。

吃到渣都不剩

杭椒肉末炒鸡蛋

时间 10分钟　难度 低　总热量 1124千卡

关于鸡蛋是荤是素，到现在也没弄明白，甭管它是荤是素，好吃就是王道。更何况鸡蛋的营养其实比海参鲍鱼都高呢。来碗米饭，将这肉末鸡蛋一股脑儿放入拌匀，大口开吃，想想都觉着是神仙般的享受。

主料 猪肉末200克 | 鸡蛋4个

辅料 杭椒2个 | 姜3克 | 蒜1瓣 | 料酒2茶匙 淀粉少许 | 老抽2茶匙 | 鸡精1/2茶匙 盐1茶匙 | 油适量

烹饪秘籍

炒制肉末时会出少许水分，所以在将肉末盛出时，那些水要倒去不要，这样这道菜的口感会更加清爽。

做法

准备

1

猪肉末内调入料酒、老抽、盐、鸡精，搅拌均匀后腌制待用。

2

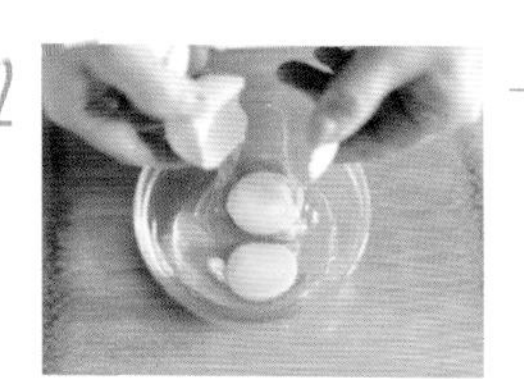

鸡蛋打入碗中，调入少许盐和淀粉，反复搅打成均匀的蛋液待用。

3

杭椒去蒂洗净，切长约1厘米的小段；姜、蒜去皮洗净，切姜末、蒜末。

炒肉末

4

炒锅内倒入适量油，烧至七成热，爆香姜末、蒜末。

5

然后放入腌制后的猪肉末，大火快速翻炒至肉末变色后盛出待用。

炒制调味

6

炒锅内再倒入适量油，烧至七成热，倒入蛋液，待蛋液全部凝固后滑散，盛出待用。

7

炒锅内再倒入少许油烧热，放入杭椒段，快炒至出香味。

8

再将炒好的肉末和鸡蛋倒回锅内，大火快速翻炒均匀即可。

韩式美味中式吃法

辣白菜豆腐锅

时间
15分钟

难度
低

总热量
877千卡

一锅辣白菜豆腐上桌，冒着热腾腾的白汽，还在咕噜噜地响着，哪怕再烫嘴，也忍不住想要立刻来上两口。吃完了里面的豆腐辣白菜，汤汁也千万不要放过，来一碗汤泡饭绝对是最佳选择。

主料 嫩豆腐400克 | 辣白菜250克
猪五花肉150克
辅料 姜5克 | 蒜2瓣 | 鸡精少许
盐1/2茶匙 | 油少许

烹饪秘籍

五花肉先煸炒后会更香；加入清水的量以刚好没过豆腐块为宜；辣白菜本身就有味道，所以除在炒五花肉时需要调味，后续都可以不加调料了。

做法

准备

1 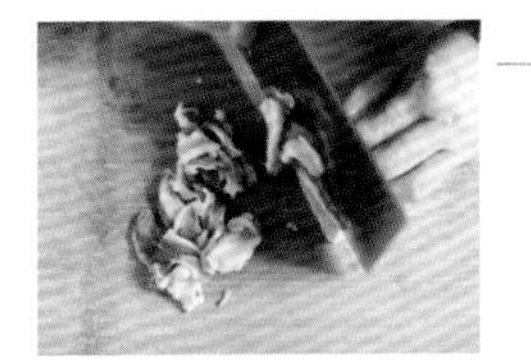
猪五花肉洗净，切约5毫米的片待用。

2 
嫩豆腐在流水下洗净，切边长3厘米、厚约1厘米的方块。

3 
辣白菜取出，切细丝；姜、蒜去皮洗净，切姜末、蒜末。

炒制

4 
炒锅内倒入少许油，烧至八成热，放入五花肉片煸炒至出油微焦。

5 
然后放入姜末、蒜末，翻炒至出香味，加鸡精、盐调味。

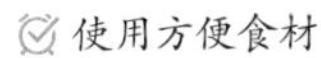
使用方便食材

6 
接着放入切好的辣白菜丝，大火翻炒均匀。

加汤煮制

7 
将炒好的辣白菜五花肉倒入砂锅内，加入适量清水，搅拌均匀。

8 
最后将豆腐块均匀平铺在砂锅内，加盖大火焖煮10分钟即可。

烙印在唇边的嫩滑
砂锅炖豆腐

时间 30分钟

难度 低

总热量 220千卡

豆腐是个神奇的东西，炖制时间越长久，口感反而越松软嫩滑。有了这样一锅炖豆腐，别的菜都可以靠边站了。

主料 嫩豆腐400克 | 韭菜80克
辅料 生姜10克 | 大蒜3瓣 | 干辣椒3个
老抽50毫升 | 蚝油1汤匙 | 鸡精1/2茶匙
盐1/2茶匙 | 油少许

烹饪秘籍

豆腐切块时不要切得太大，否则会不容易入味；也可以在焖煮前先将豆腐炒一炒，只是在炒的时候不要翻动太大，否则豆腐块会很容易碎掉。

做法

准备

1

嫩豆腐洗净，切边长3厘米左右的方块待用。

2

韭菜择洗干净，切5厘米左右的长段待用。

3

生姜、大蒜去皮洗净，切姜片、蒜粒；干辣椒洗净，切碎段。

煮汤底

4

炒锅内倒入少许油，烧至七成热，放入姜片、蒜粒、干辣椒段爆香。

5

接着倒入约500毫升清水，并调入老抽、蚝油，大火烧开。

炖煮调味

6

开锅后倒入豆腐，搅拌几下，加盖继续煮至开锅后将所有食材转入砂锅内。

7

用中火焖煮25分钟，再放入切好的韭菜段，继续煮至韭菜断生。

8

最后调入鸡精、盐，搅拌均匀即可。

没有鱼照样香

鱼香豆腐丝

时间 10分钟

难度 低

总热量 432千卡

不要被它的名字唬住了，它是没有鱼的。即便没有鱼，就这简单几块豆腐也能让人爱它爱得死心塌地，这可都要归功于那魅力势不可当的鱼香味。

主料 老豆腐300克

辅料 胡萝卜1根 | 青椒2个 | 干木耳1小把 | 干辣椒3个 | 大蒜2瓣 | 酱油1汤匙 | 白砂糖1汤匙 | 香醋1汤匙 | 水淀粉30毫升 | 盐1茶匙 | 油适量

烹饪秘籍

切好的豆腐丝可撒入少许淀粉拌匀，可吸收掉豆腐里的多余水分，便于炒制时表面更快地形成金黄微焦状。

做法

准备

1

老豆腐洗净，先切片，然后切成筷子粗细、长4厘米左右的条。

2

胡萝卜去皮洗净，切丝；青椒去蒂洗净，切丝；大蒜去皮洗净，切蒜末。

3

干木耳提前用温水泡发，洗净切丝；干辣椒洗净切碎。

炒豆腐丝

4

炒锅内倒入适量油，烧至七成热，放入干辣椒碎和蒜末爆香。

5

然后放入豆腐丝，中大火快炒至豆腐表面金黄。

炒制调味

6

接着放入胡萝卜丝、青椒丝、木耳丝，继续翻炒至熟透。

7

再调入酱油、白砂糖、香醋翻炒至所有食材上色。

8

最后倒入水淀粉勾芡，加盐翻炒调味即可。

茄子不炸可不成

风林茄子

时间 15分钟 | 难度 低 | 总热量 880千卡

主料 长茄子3根 | 肉末200克

辅料 姜5克 | 大蒜3瓣 | 香葱2根 | 料酒2茶匙 | 老抽2茶匙 | 生抽1/2汤匙 | 水淀粉50毫升 | 香油1/2汤匙 | 鸡精1/2茶匙 | 盐1茶匙 | 油适量

做法

准备

1. 长茄子去蒂洗净，先切约5厘米长段，再切成长条待用。

2. 肉末加料酒、老抽、生抽，反复抓匀腌制待用。

3. 生姜、大蒜去皮洗净，切姜末、蒜末；香葱洗净，切葱粒。

预炸制

4. 炒锅内倒入适量油，烧至八成热，放入茄条，炸至变软后捞出。

炒制

5. 炒锅内留适量底油，放入姜末、蒜末爆至出香味。

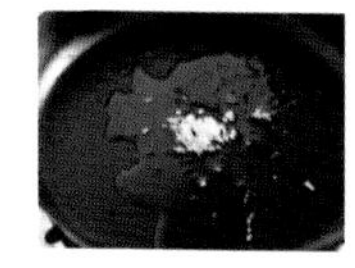

6. 然后放入腌制后的肉末，大火快炒至肉末变色。

7. 接着放入炸制后的茄条翻炒均匀，并调入水淀粉勾薄芡。

调味

8. 最后调入鸡精、盐、香油翻炒均匀，撒入葱粒即可。

烹饪秘籍

不喜欢茄子带皮的，可以将茄子皮去掉以后再进行炸制；切好的茄子如果短时间内不下锅炸，要放入清水中浸泡，一方面可以去除茄子的涩味，另一方面也可以防止茄子氧化变黑。

主料 青椒5个

辅料 生姜5克 | 大蒜2瓣

老干妈豆豉2汤匙 | 淀粉1汤匙

香醋2茶匙 | 盐少许 | 油适量

滋味十足

豆豉青椒

时间 5分钟 | 难度 低 | 总热量 171千卡

把青椒放进嘴里的前几秒，根本觉不出它的实力，可是慢慢细细品来，却像着了魔一般，一口一口根本停不下来。豆豉的浓郁香气掺带着青椒的微微辣感，这滋味，了不得！

做法

准备

1 青椒去蒂去子，洗净，切小块待用。

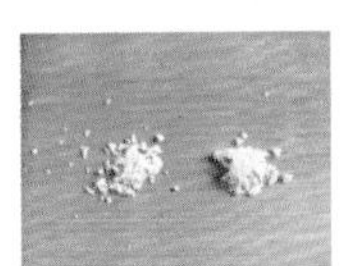

2 生姜、大蒜去皮，洗净，分别切末。

3 淀粉加适量清水，并加入盐搅拌均匀成水淀粉待用。

炒制

4 炒锅内倒入适量油，烧至七成热，爆香姜末、蒜末。

5 然后放入青椒块，大火快炒1分钟左右。

6 接着调入香醋，翻炒至青椒均匀入味。

调味勾芡

使用方便调料

7 再放入老干妈豆豉，继续翻炒均匀。

8 最后倒入水淀粉，稍稍勾薄芡后即可关火出锅。

烹饪秘籍

如果喜欢吃软软的青椒，可以先将青椒直接入锅中煎成虎皮状，再撕成小块加豆豉炒，又会是另一番滋味。

宝器来助阵

老干妈炒藕丁

时间 8分钟

难度 低

总热量 394千卡

主料 莲藕300克

辅料 老干妈辣酱3汤匙
大蒜2瓣 | 香葱2根
盐少许 | 油适量

烹饪秘籍

藕丁切好后要放入清水中浸泡，以防止氧化变黑；在炒制之前也可再次淘洗几次，洗去多余淀粉，这样炒出来的藕丁更加脆爽。

做法

准备

1 莲藕去皮洗净，切大小适中的小丁待用。

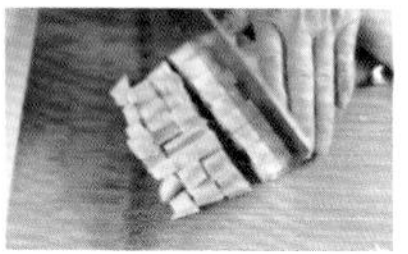

2 大蒜去皮洗净，切蒜末，尽量越细越好。

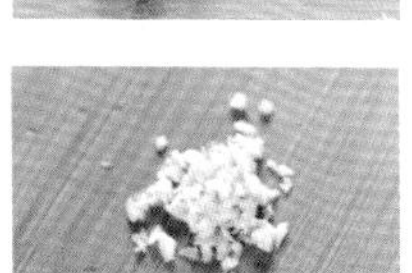

3 香葱择洗干净，切长约5毫米的葱粒待用。

4 锅内倒入适量清水烧开，放入藕丁，并加盐氽烫2分钟后捞出沥水。

炒制

5 炒锅内倒入适量油，烧至七成热，放入蒜末爆香。

6 然后放入氽烫后的藕丁，大火快炒1分钟。

调味

使用方便调料

7 接着放入老干妈，翻炒至藕丁均匀裹上老干妈辣酱。

8 最后撒入切好的香葱粒，快速翻炒均匀即可。

主料 干木耳20克｜干黄花菜50克

辅料 大葱10克｜干辣椒3个｜水淀粉2汤匙
鸡精1/2茶匙｜盐1茶匙｜油适量

实打实的干货

木耳黄花菜

时间 6分钟 | 难度 低 | 总热量 160千卡

做法

准备

1 干木耳提前用温水泡软，去掉黑头，洗净待用。

2 干黄花菜同样用温水泡软，反复洗净，挤去多余水分待用。

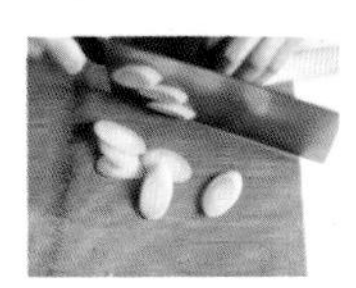

3 大葱洗净，切葱片；干辣椒洗净，切碎段。

炒制

4 炒锅内倒入适量油，烧至六成热，放入辣椒碎段爆香。

5 然后放入切好的葱片，翻炒至出香味。

6 接着放入木耳，翻炒半分钟左右。

调味勾芡

7 再放入黄花菜，继续不断翻炒一两分钟。

8 最后倒入水淀粉勾芡，加鸡精、盐翻炒调味即可。

烹饪秘籍

木耳有大有小，较大朵的木耳泡软清洗时，可先将其撕小朵，这样炒制时更易入味。

满眼皆是绿油油

芝麻脆拌荷兰豆

时间 5分钟 | 难度 低 | 总热量 254千卡

主料 荷兰豆300克

辅料 黑、白芝麻各15克 | 生姜5克 | 大蒜2瓣 | 生抽1汤匙 | 香醋1/2汤匙 | 香油2茶匙 | 白砂糖1茶匙 | 盐1茶匙

做法

准备

1. 荷兰豆撕去头尾和老筋，洗净待用。

2. 将洗净的荷兰豆放入开水锅中，并加盐汆烫2分钟。

3. 荷兰豆捞出，放入冰水中过凉，捞出沥干，装碗中。

制备拌料

4. 炒锅烧热，放入黑白芝麻，小火慢慢炒香，盛出待用。

5. 生姜、大蒜去皮洗净，切姜末、蒜末。

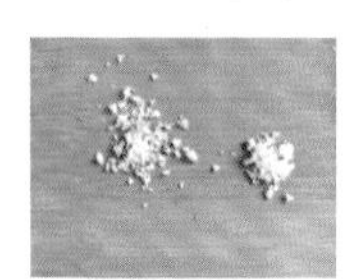

6. 将生抽、香醋、香油、白砂糖、姜末、蒜末，拌匀成调味汁。

混合

7. 再将调味汁和一半分量的芝麻放入荷兰豆中，拌匀。

8. 最后将拌好的荷兰豆装盘，均匀撒上剩余的芝麻即可。

烹饪秘籍

为了保持荷兰豆的脆爽口感和鲜绿色泽，在汆烫荷兰豆时，时间不宜过长，且不要盖锅盖；用冰水过凉荷兰豆，同样也是为了保持它的口感和色泽。

粉嫩嫩的可人儿

糖醋樱桃小萝卜

时间 30分钟 | 难度 低 | 总热量 69千卡

主料 樱桃萝卜350克

辅料 大蒜3瓣 | 熟芝麻1茶匙 | 生抽1汤匙
米醋4汤匙 | 白砂糖2汤匙
辣椒油2茶匙 | 盐1茶匙

做法

准备

1 樱桃萝卜择去萝卜缨子，洗净，切去头尾。

2 然后将其切片状，但是底部不要切断，即切成连刀片待用。

3 将切好的樱桃萝卜加入盐，反复抓匀，腌制10分钟左右。

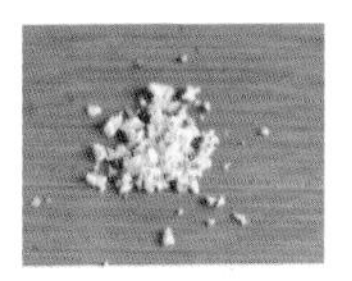

4 腌制萝卜期间，将大蒜去皮洗净，切蒜末待用。

5 将腌制好的樱桃萝卜倒出盐水，放入清水中冲洗一下，沥去多余水分待用。

调味

6 将蒜末、生抽、米醋、白砂糖、辣椒油装入小碗中调匀。

7 将调味汁倒入樱桃萝卜中，拌匀，并放入冰箱冷藏20分钟。

8 20分钟后，撒上熟芝麻即可。

烹饪秘籍

将樱桃萝卜切连刀片是为了使其更加入味；用盐将樱桃萝卜先腌制一会儿，可以去除涩味，口感更佳。

零厨艺快手美味

凉拌菜花

时间
6分钟

难度
低

总热量
103千卡

做过那么多简单快手菜品，可是谁也没有这凉拌菜花来得更简单轻松了。这菜花仿佛有一种魔力，哪怕你只是清水煮过，吃起来也清甜可口，凉拌过后的菜花香气更甚，再适合夏天不过了。

主料　菜花1棵

辅料　胡萝卜1/2根 | 芹菜1棵 | 大蒜2瓣 | 香葱2根 | 生抽2汤匙 | 醋1/2汤匙 | 香油2茶匙 | 油泼辣子2茶匙 | 盐1茶匙

烹饪秘籍

菜花不好清洗，可以在清洗前，在水中放入适量苏打粉或者淀粉浸泡一段时间，然后反复冲洗，会洗得更干净。

做法

准备

1

菜花洗净，切去老根，用手掰成小朵待用。

2

胡萝卜去皮洗净，切薄片；芹菜洗净，斜切3厘米左右的段。

3

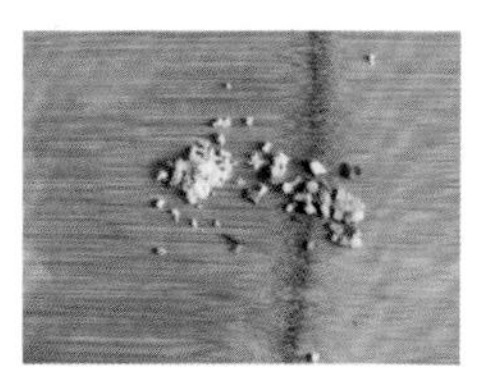

大蒜去皮洗净，切蒜末；香葱洗净，切葱粒。

4

锅中倒入适量清水烧开，放入菜花汆烫3分钟左右，捞出沥水待用。

5

然后将胡萝卜片和芹菜段放入锅中，汆烫1分钟，捞出放入菜花中。

制作调味汁

6

取一个小碗，放入蒜末、生抽、醋、香油、油泼辣子、盐调匀成调味汁。

调味混合

7

再将调好的调味汁倒入装有菜花的碗中，反复拌匀。

8

最后撒入切好的葱粒，搅拌几下即可。

资深健康凉菜

蒜泥豇豆

时间 10分钟

难度 低

总热量 112千卡

烹饪秘籍

焯豇豆时，锅中滴几滴油或加点盐，可保证豇豆翠绿的颜色，同时也可减少营养流失。

主料 豇豆300克

辅料 食用油1/2茶匙 | 蒜末10克 | 盐1/2茶匙 生抽1茶匙

做法

准备

1. 豇豆去头、去尾后洗净，切成3厘米左右的段。

2. 烧沸水，加少许盐，放入豇豆，大火再次煮沸后，转小火再煮1分钟。

3. 煮好后捞出，冲一下凉水，放在一旁控干水分。

炒制调味

4. 炒锅，烧热后倒入一点油，放入蒜末，煸香。

5. 放入豇豆，再加入盐和生抽，与锅中蒜末搅拌均匀，即可。

幸福沙拉

牛油果沙拉

时间 18分钟

难度 低

总热量 250千卡

烹饪秘籍

只用盐和黑胡椒粉调味，是热量最低的一种调味方法，也可以换作其他酱料。

主料 牛油果100克 | 黄瓜100克 | 番茄100克 虾仁100克

辅料 盐1/2茶匙 | 黑胡椒粉1/2茶匙

做法

准备

1. 虾仁挑去虾线后洗净，用盐水煮熟，凉凉切丁备用。

2. 将牛油果洗净，取出果肉，切成正方形的小丁。

3. 番茄洗净，一切为四，挖去果浆，剩下的部分切成方丁。

4. 黄瓜洗净后，切成方丁。

调味混合

5. 最后将四样食材放在大碗中拌匀，撒上盐和黑胡椒粉调味即可。

健康的味道
萝卜沙拉

时间 10分钟 | 难度 低 | 总热量 99千卡

主料 白萝卜200克

辅料 白糖1/2茶匙 | 柠檬1/4个（约10克）
胡椒粉1克 | 海苔碎5克 | 柴鱼片5克
盐适量

做法

准备

1. 白萝卜洗净、去皮，切成细丝。加盐抓拌腌制。待萝卜丝渗出水分后沥干。

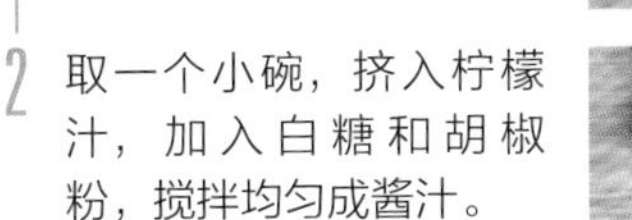

2. 取一个小碗，挤入柠檬汁，加入白糖和胡椒粉，搅拌均匀成酱汁。

调味拌匀

3. 将萝卜丝放入碗中，淋上调好的酱汁，充分搅拌。

4. 放上柴鱼片和海苔碎即可。

烹饪秘籍

用盐提前腌制萝卜丝后，萝卜的香气跟盐充分融合，释放出最鲜美的味道。后面就不需再放盐调味了。

解锁[illegible]吃法
黑椒土[illegible]泥

时间 15分钟 | 难度 低 | 总热量 [illegible]千卡

主料 土豆300克

辅料 黄油5克 | 蚝油1茶匙 | 黑胡椒粉1克
玉米淀粉5克 | 牛奶10毫升

做法

准备

1. 土豆洗净去皮切片。放入碗中，加水至土豆的1/3处。

制作土豆泥

2. 盖上一层保鲜膜，放入微波炉高火转10分钟。

3. 将土豆压成土豆泥，边压边倒入牛奶搅拌。

调味浇汁

4. 将黄油、蚝油、黑胡椒粉、淀粉和50毫升的水一起放入锅中，加热，拌匀，熬成酱汁。

5. 将土豆泥团成一个圆球，浇上熬好的酱汁即可。

烹饪秘籍

熬酱时全程小火，熬好后立即关火，以免煳锅。

口口浓郁
土豆浓汤

时间
10分钟

难度
中

总热量
308千卡

土豆浓汤，是西式浓汤中最为出名的。这款汤品的奶味非常浓郁，口感顺滑。牛奶与土豆的搭配，是舌尖上的一种最美妙的味蕾碰撞。

主料 土豆1个｜洋葱1/4个｜牛奶200克

辅料 黄油适量｜盐1/2茶匙

做法

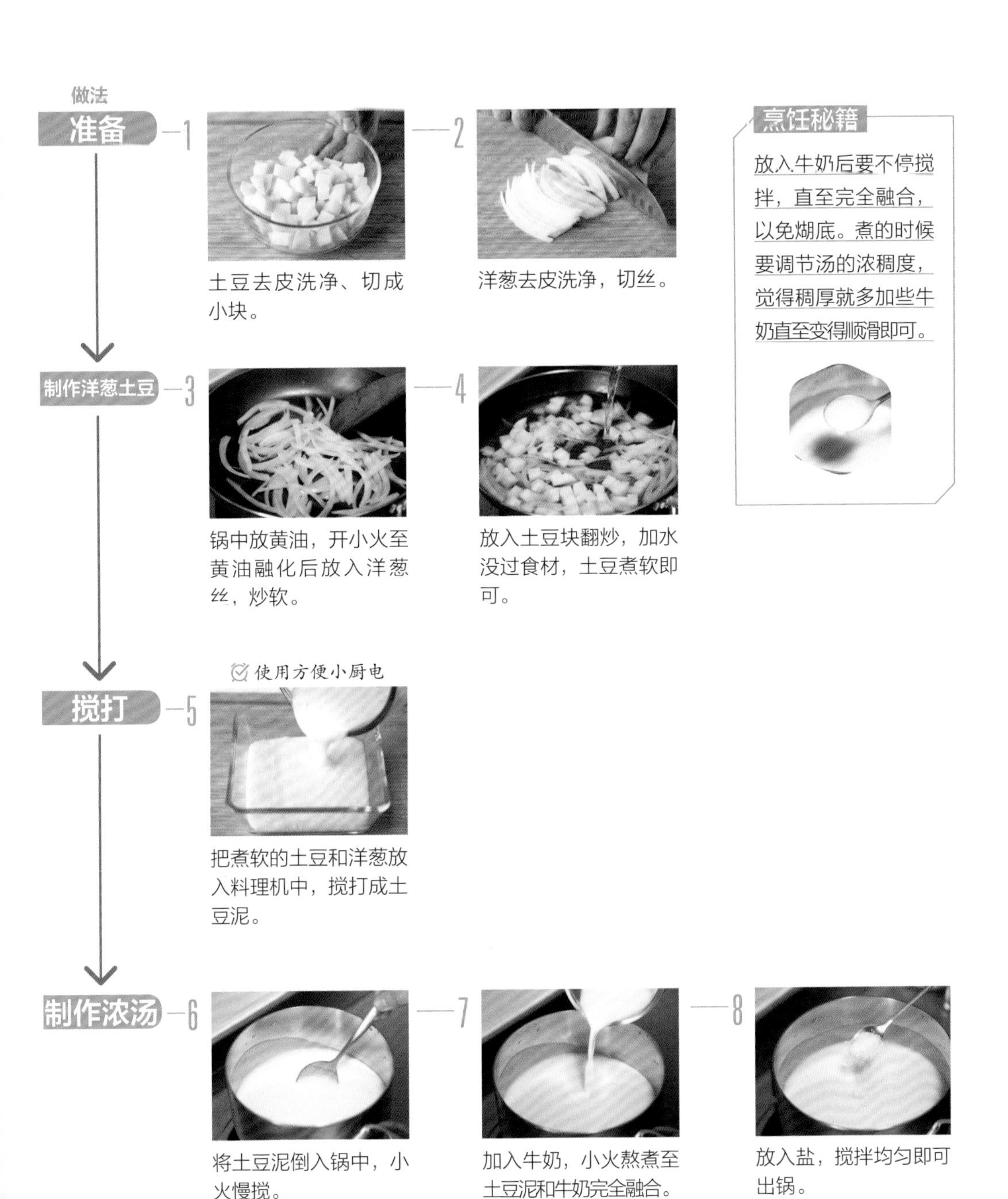

烹饪秘籍

放入牛奶后要不停搅拌，直至完全融合，以免煳底。煮的时候要调节汤的浓稠度，觉得稠厚就多加些牛奶直至变得顺滑即可。

香菜出没请注意

豆腐鱼头香菜汤

时间 20分钟

难度 中

总热量 230千卡

鱼头豆腐汤应该是快手汤中的极品了，汤底浓郁鲜香，醇厚滋润。香菜的加入虽具争议，可是多了它，香味倍增，如果实在受不了香菜，拿掉也无妨。

主料 鱼头1个 | 老豆腐400克

辅料 香菜50克 | 生姜10克 | 香葱2根 | 盐2茶匙 | 油少许

烹饪秘籍

鱼头煎一煎后再煮汤，会更香；香菜的根须部分不要择去，一起用来煮汤，香味更甚。

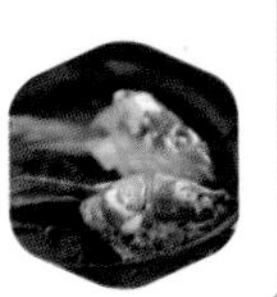

做法

准备

1 鱼头去鳃，对半切开，仔细清洗干净待用。

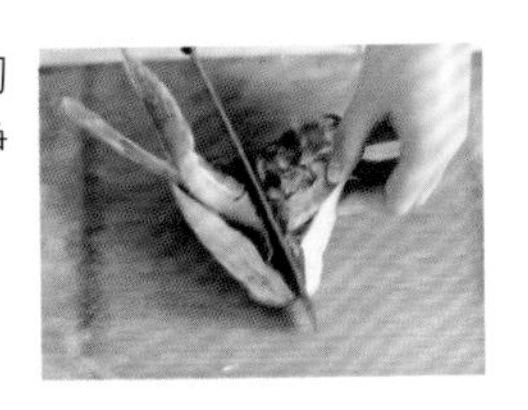

2 老豆腐在流水下冲洗干净，切2厘米见方的小块。

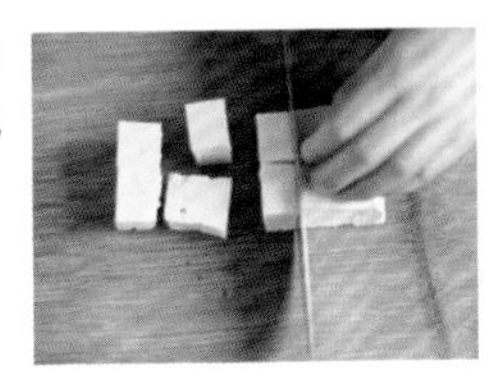

3 香菜洗净，切长5厘米左右的段待用。

4 生姜洗净，切姜丝；香葱洗净，切葱粒。

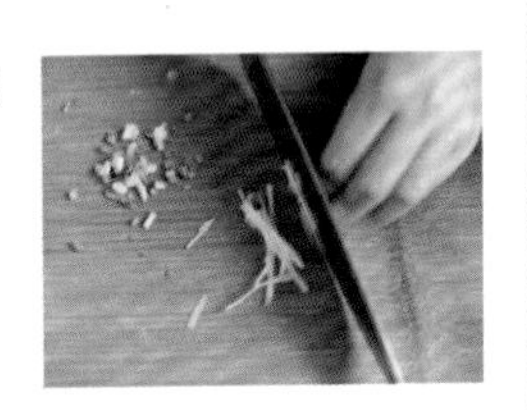

煎制

5 炒锅内倒入少许油，烧至七成热，放入姜丝爆香。

6 接着放入洗净的鱼头，小火煎至鱼头微焦后倒入适量清水，大火煮至开锅。

煮汤

7 开锅后放入豆腐块，搅拌均匀后继续煮约10分钟。

8 最后放入香菜、葱粒，并加盐调味即可。

番茄就是个百搭的主

番茄鱼丸汤

时间 10分钟

难度 低

总热量 493千卡

番茄亦蔬亦果，甭管什么时候咬上一口，那酸酸甜甜的汁水就能治愈所有的不开心。这次它携鱼丸闪亮登场，注定会成为餐桌上的明星。用番茄来做汤，特别适合现代快节奏、生活压力大的上班族。

主料 ☑鱼丸400克 | 番茄1个

辅料 大蒜3瓣 | 香葱2根 | 番茄酱2汤匙 | 鸡精1/2茶匙 | 盐1茶匙 | 油适量

烹饪秘籍

番茄在切片之前，要注意先剥掉表皮，这样炒出来的番茄口感更佳；加入番茄酱是为了使汤的口味更加酸甜。

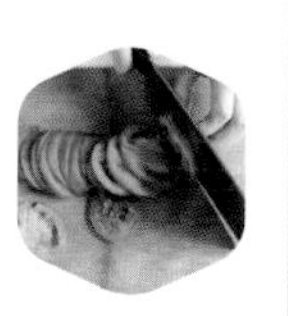

做法

准备

1

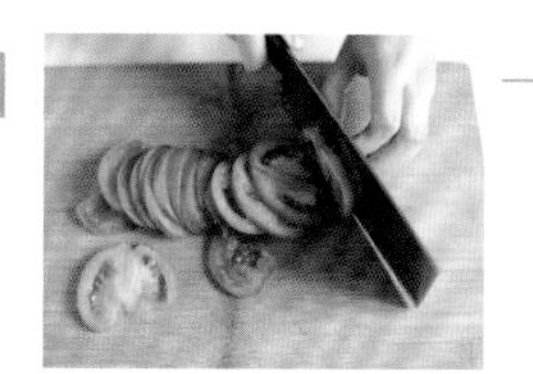

番茄去蒂，洗净，先对半切开，然后切薄片待用。

2

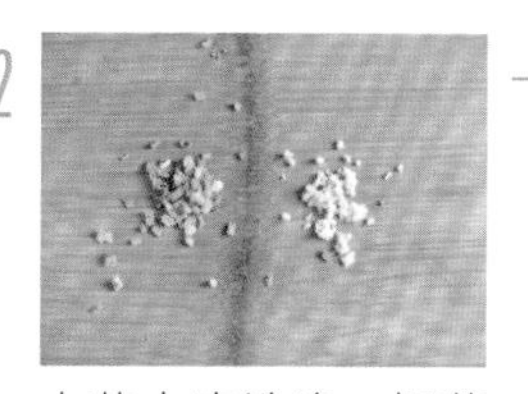

大蒜去皮洗净，切蒜末；香葱洗净切葱粒。

3

炒锅内倒入适量油，烧至七成热，爆香蒜末。

制汤底

4

接着放入切好的番茄片，大火快炒至番茄出汁。

5

然后倒入适量清水，并加入番茄酱搅拌均匀，大火煮至开锅。

煮汤调味

6

☑使用方便食材

开锅后，将鱼丸放入锅内，继续大火煮至鱼丸浮起。

7

待鱼丸全部浮起后，加入鸡精、盐搅拌均匀调味。

8

最后在出锅前撒入切好的葱粒即可。

煎蛋这样吃也不错

黄瓜煎蛋汤

时间 8分钟 | 难度 低 | 总热量 191千卡

煎蛋本来就是一个美味的标志性存在，任何食物上只要加个煎蛋，仿佛世界都变得更加美好了。这次将煎蛋打破，放入汤中，搭配清新的黄瓜，也是个不错的尝试。

主料 黄瓜1根 | 鸡蛋4个

辅料 生姜5克 | 大蒜2瓣 | 香葱2根 | 鸡精1/2茶匙 | 盐1茶匙 | 油适量

做法

准备

1. 黄瓜洗净，切掉头尾，然后斜切薄片待用。

2. 鸡蛋打入碗中，加入少许清水反复搅打成均匀蛋液待用。

3. 生姜、大蒜去皮洗净，切姜末、蒜末；香葱洗净，切葱粒。

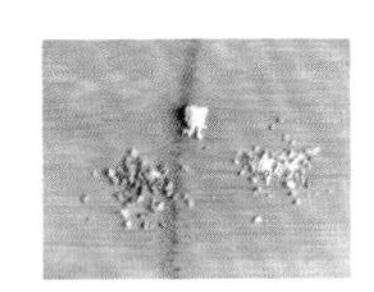

炒鸡蛋

4. 炒锅内倒入适量油，烧至八成热，倒入蛋液，小火煎至凝固。

5. 待蛋液全部凝固后，将其划散成小块，盛出待用。

煮汤

6. 锅内再倒入少许油，烧至七成热，爆香姜末、蒜末。

7. 然后倒入适量清水烧开，放入黄瓜片煮至再次开锅。

8. 放入蛋花块，拌匀后加盐、鸡精调味，撒入葱粒即可。

烹饪秘籍

打鸡蛋时，往蛋液内加少许清水或者淀粉一起打，会使煎出来的蛋花更加蓬松，口感更佳。

丰富食材排成排

娃娃菜三丝豆腐汤

时间 10分钟

难度 低

总热量 335千卡

主料 娃娃菜1棵 | 鲜香菇3朵 | 胡萝卜1/2根 | 豆腐350克

辅料 生姜5克 | 大蒜2瓣 | 香葱2根 | 白胡椒粉1/2茶匙 | 鸡精1/2茶匙 | 盐1茶匙 | 油适量

烹饪秘籍

清洗香菇前，可提前将香菇放入淡盐水中浸泡片刻，再用清水洗净，能够起到很好的杀菌作用。

做法

准备

1 娃娃菜洗净，对半切开，然后切细丝待用。

2 鲜香菇洗净，切细丝；胡萝卜去皮洗净，切细丝。

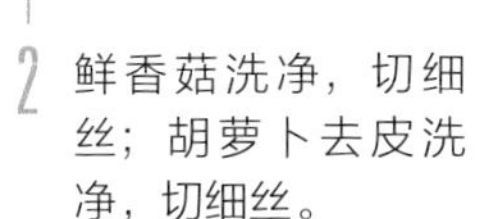

3 豆腐在流水下冲洗干净，然后切食指粗细、长短相仿的长条。

4 生姜、大蒜去皮洗净，切姜末、蒜末；香葱洗净，切葱粒。

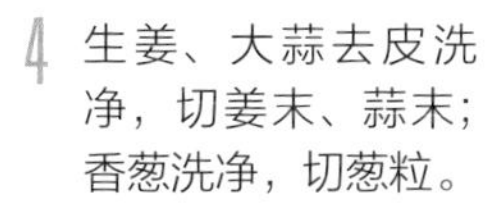

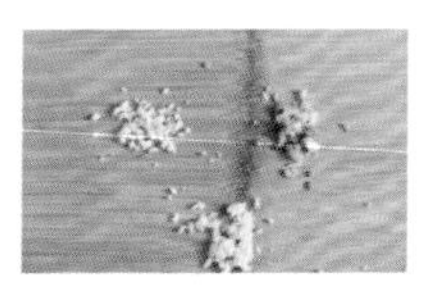

炒制

5 炒锅内倒入适量油，烧至七成热，爆香姜末、蒜末。

6 接着放入切好的娃娃菜丝、香菇丝、胡萝卜丝，快炒片刻。

煮汤

7 然后倒入适量清水，大火煮至开锅后放入豆腐条，继续煮5分钟。

8 最后加入白胡椒粉、鸡精、盐调味，撒入葱粒即可。

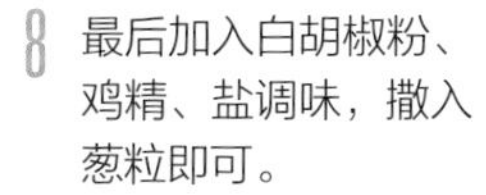

荤素搭配正合适

生菜牛丸汤

时间 8分钟

难度 低

总热量 490千卡

荤素搭配，营养加倍。翠绿鲜嫩的生菜叶，其间不经意地冒出几颗牛肉丸，让人忍不住想一探究竟。牛肉丸柔韧有劲，爽口弹牙，一颗肉丸一口汤，刚刚好。

主料 牛肉丸400克 | 生菜1棵

辅料 姜5克 | 大蒜2瓣 | 香葱2根 | 蚝油2茶匙 | 盐2茶匙 | 油适量

做法

准备

1 牛肉丸过水洗净，沥去多余水分待用。

2 姜、大蒜去皮洗净，切姜末、蒜末待用。

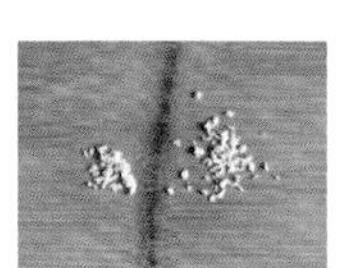

3 香葱洗净，切葱粒；生菜择洗干净待用。

炝锅

4 炒锅内倒入适量油，烧至七成热，爆香姜末、蒜末。

煮丸子

5 然后倒入适量清水，大火烧至开锅。

6 接着放入洗净的牛肉丸，继续大火煮至牛肉丸全部浮起。

使用方便食材

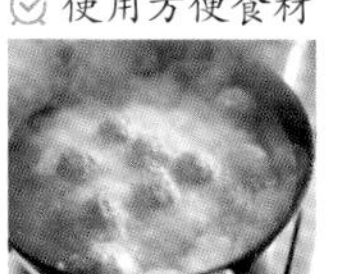

煮汤调味

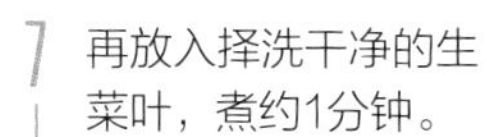

7 再放入择洗干净的生菜叶，煮约1分钟。

8 最后加入蚝油、盐调味，撒入葱粒即可。

烹饪秘籍

直接在超市或者熟食店买现成的牛肉丸即可，如果有好手艺，自己在家做那是更好不过。

主料　猪排骨500克｜豌豆苗350克
辅料　生姜5克｜大蒜3瓣｜香葱3根
料酒2汤匙｜鸡精1/2茶匙｜盐2茶匙

荤素搭配出美味

豌豆苗猪骨汤

时间 40分钟　难度 低　总热量 1587千卡

猪骨，油润滋腻的食材之一；豌豆苗却是清新爽口的代表。也许就是反差如此之大，才碰撞出这一碗鲜美无比的汤吧。儿童经常喝骨头汤，能及时补充人体所必需的骨胶原等物质，增强骨髓造血功能，有助于骨骼的生长发育。

做法

焯烫排骨

1 排骨放入清水中浸泡片刻，然后反复洗去血水待用。

2 洗净的排骨放入锅内，倒入适量清水，加入料酒，大火煮开。

3 开锅后将排骨捞出，再次用清水冲去浮沫待用。

准备

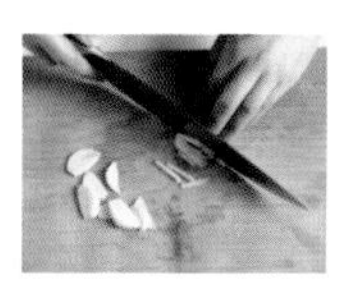

4 生姜、大蒜去皮洗净，切姜丝、蒜片。

5 香葱洗净，切葱粒；豌豆苗洗净，沥水待用。

炖汤

6 将排骨放入汤煲，倒入适量清水，放入姜丝，蒜片。

7 加盖大火煮至开锅后转小火慢炖半小时，放入豌豆苗。

8 待豌豆苗煮软后加盐、鸡精，搅拌均匀，撒入葱粒即可。

烹饪秘籍

市面上买来的豌豆苗会有一部分根茎较老，在清洗豌豆苗时，可将老掉的部分择掉，口感更佳。

萨巴厨房® 系列图书

吃出健康

系列

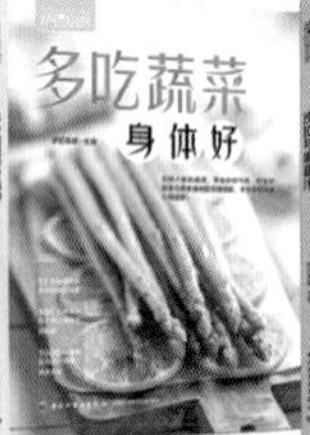

懒人下厨房系列

家常美食系列

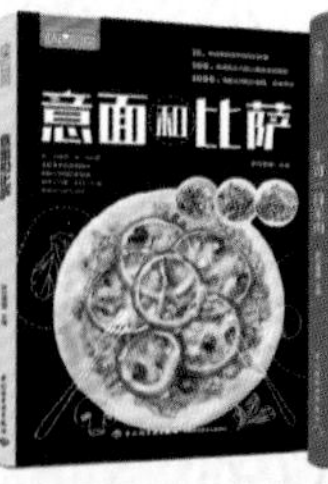

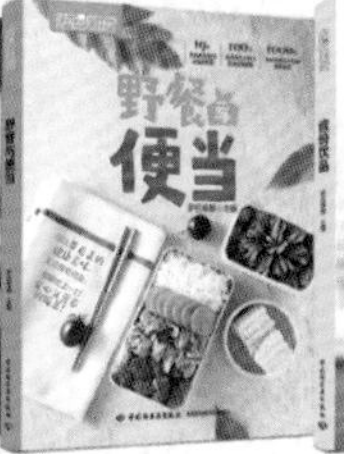

图书在版编目（CIP）数据

萨巴厨房. 家常菜这么做，好吃又简单 / 萨巴蒂娜主编. —北京：中国轻工业出版社，2023.4
ISBN 978-7-5184-3759-7

Ⅰ. ①萨… Ⅱ. ①萨… Ⅲ. ①家常菜肴-菜谱 Ⅳ. ①TS972.12

中国版本图书馆 CIP 数据核字（2021）第 245876 号

责任编辑：张　弘　　责任终审：劳国强
整体设计：锋尚设计　　责任校对：晋　洁　　责任监印：张京华

出版发行：中国轻工业出版社（北京东长安街6号，邮编：100740）
印　　刷：北京博海升彩色印刷有限公司
经　　销：各地新华书店
版　　次：2023年4月第1版第2次印刷
开　　本：710×1000　1/16　印张：12
字　　数：200千字
书　　号：ISBN 978-7-5184-3759-7　定价：49.80元
邮购电话：010-65241695
发行电话：010-85119835　传真：85113293
网　　址：http://www.chlip.com.cn
Email：club@chlip.com.cn
如发现图书残缺请与我社邮购联系调换
230327S1C102ZBW